时装设计师工作手册
人体动态参考 1000 例

刘晓阳/主编

许阳 孙燕/副主编

人民邮电出版社
北京

图书在版编目（CIP）数据

时装设计师工作手册. 人体动态参考1000例 / 刘晓
阳主编. -- 北京：人民邮电出版社，2018.2
ISBN 978-7-115-45542-0

Ⅰ. ①时… Ⅱ. ①刘… Ⅲ. ①服装款式－款式设计－
手册 Ⅳ. ①TS941.2-62

中国版本图书馆CIP数据核字(2017)第327888号

内 容 提 要

　　本书全面讲解了服装人体动态，精选了1000款不同的动态姿势，将其分为人体局部表现、儿童人体动态表现、男性人体动态表现和女性人体动态表现 4 个部分。人体局部表现主要包括五官和四肢两大类；儿童、男性和女性的动态表现又分为正面站姿、侧面站姿、坐姿和蹲姿等不同的类型。在每个大分类前面不仅有该类动态的文字解析和比例示范图解，还精心编排了带步骤的案例，为大家详细讲解不同动态的绘制方法，这样可以更直观地看清服装人体动态的绘制重点和绘制过程。

　　本书不仅可以作为服装设计专业学生的学习教材，也可作为服装设计师绘制服装人体动态的参考手册。

◆ 主　　编　刘晓阳
　　副主编　许　阳　孙　燕
　　责任编辑　杨　璐
　　责任印制　陈　犇

◆ 人民邮电出版社出版发行　　北京市丰台区成寿寺路 11 号
　　邮编　100164　　电子邮件　315@ptpress.com.cn
　　网址　http://www.ptpress.com.cn
　　大厂聚鑫印刷有限责任公司印刷

◆ 开本：880×1092　1/16
　　印张：20.5　　　　　　　　　　2018 年 2 月第 1 版
　　字数：247 千字　　　　　　　　2018 年 2 月河北第 1 次印刷

定价：69.00 元
读者服务热线：(010)81055410　印装质量热线：(010)81055316
反盗版热线：(010)81055315
广告经营许可证：京东工商广登字 20170147 号

前言

人体动态千变万化，只有掌握人体动态的基本规律，才能设计出不同的造型。在绘画中，必须先掌握人体的基本比例关系，以及各部位的结构和穿插关系，学会最基本的人体动态表现，然后才能根据设计需要进行不同人体动态的变换，设计出我们需要的动态造型。人类之所以能双脚站立，是由于人类掌握了重心和支撑身体的动作，也就是让全身的骨骼和肌肉不断地保持平衡。由于这个缘故，人体一边移动，一边在寻找平衡，这就延伸出了不同的动态姿势。通过观察可以发现在整个人体当中头部、胸部和骨盆3个部位都是相对固定的，姿态的变换主要是由四肢、颈部和腰部完成的，那么在动态表现时我们就应该通过我们所观察和总结出的规律进行绘制，这样的动态才能"站得稳"！

许阳

2016年6月

序

人体动态图是绘制时装画的基础，也是形象设计师进行创作设计的框架，我们在形象设计教学工作中发现，很多学生灵感丰富、创意很好，但是不能准确地绘制人体动态图，对人体的比例和人物的特点把握得不好。

在工作室实践教学及工作中，针对"青年人"的应用是最多的，所以本书提炼了大量"青年人"不同比例、不同特点的人体动态图，从正面、侧面、斜侧面和背面等角度，对人物站立与步行等姿态进行解析，通过人体运动与透视的规律，总结出一些画人体动态图的技巧，这些技巧简单、实用、有效，很容易掌握，适用于表现各种服装设计及人物形象特征，希望这些方法可以帮助更多的师生及服装设计师进行创新设计。

本书主要内容是人体动态图绘制的基础教程，或许会存在一些不足之处，若能在人体动态图研究方面，起一个抛砖引玉的作用，我将倍感欣慰，也恳请读者不吝指正。

在此我要感谢大连工业大学校领导及服装学院潘力院长等领导的大力支持和厚爱，学校给予我们足够的空间，为我们提供了一个非常好的氛围和环境，使我们能全心投入到学习研究当中，还要感谢刘晓阳形象设计工作室的每位老师的辛勤付出，许阳老师、刘丹老师、孙燕老师、赵鹤老师，特别感谢许阳和刘丹老师对本书内容的整理、修订等一系列工作。

艺术来源于生活，只要我们多观察，多动手，多练习，一定会创作出更多优秀的作品。

刘晓阳

刘晓阳形象设计工作室
大连工业大学服装学院

目录

第1章

人体局部表现

　　通常把人体局部划分为两大部分：头和四肢。头部又细分为眼睛、耳朵、鼻子、嘴和头发；四肢又细分为手、手臂、脚和腿。不同的人体局部形态组合构成不同的人体外貌。不同的局部动态表现构成了不同的人体动态表现。例如，常见的头部动态有仰视、俯视和平视，除此之外还有不同的角度表现等，四肢的动态变化更是丰富，除了常见的各种姿势还有各种各样的动作，因此掌握好基础对整体表现至关重要。在人体部位中，头与手的刻画是难点，而其他部位会因服饰的遮盖而显得弱化。

人体五官表现

　　在表现人体五官的时候，首先我们应该明白五官的比例关系，也就是我们常说的"三庭五眼"。三庭：指脸的长度比例，把脸的长度分为3个等分，分别是从前额发际线至眉骨，从眉骨至鼻底，从鼻底至下颌，各占脸长的1/3。五眼：指脸的宽度比例，以眼形长度为单位，把脸的宽度分成5个等分，从左侧发际至右侧发际，为5只眼形的长度。两只眼睛之间有一只眼形长度的间距，两眼外侧至侧发际各为一只眼形长度的间距，各占比例的1/5。除此之外还需要明白五官的结构。

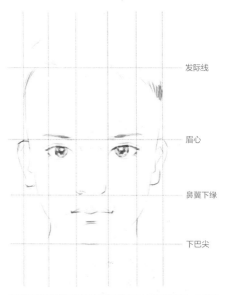

儿童三庭五眼的比例关系与成熟男性和女性有所不同，儿童的额头部分长于另外两庭，眼距也较大。

儿童

女性

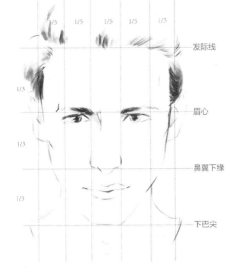

男性

眼睛表现

　　眼睛由上眼睑、眼裂、眼白、瞳孔和虹膜几个部分组成。其眼形又分为方形眼、圆形眼（虎眼和杏眼）、丹凤眼和三角眼等。关于双眼的体现，不能只局限于双眼自身，还应包含眼部周围的眉毛和眶上缘。眶上缘是眼眶与脑门的转折关系。眉头起自眶上缘内角，向外延展，越眶而过成为眉梢。眉毛使眼部的改变显得更奇妙，神态改变更为丰厚。

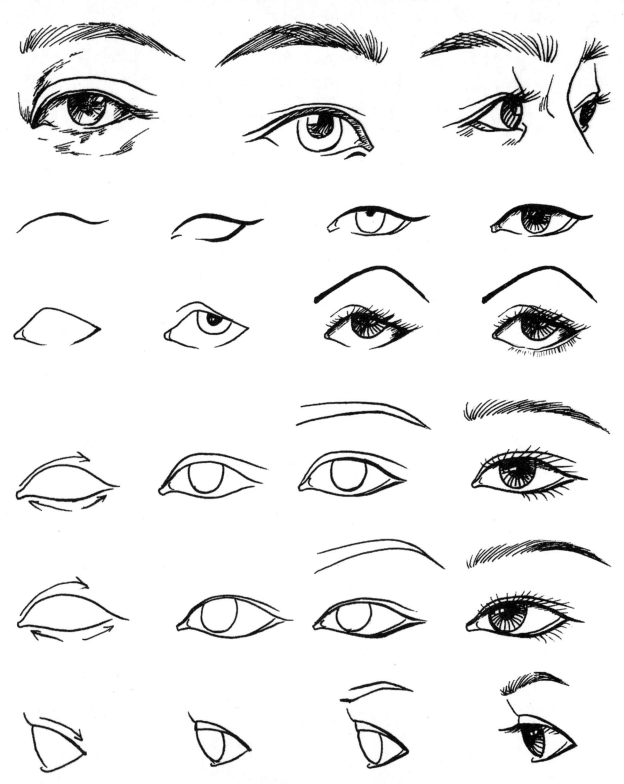

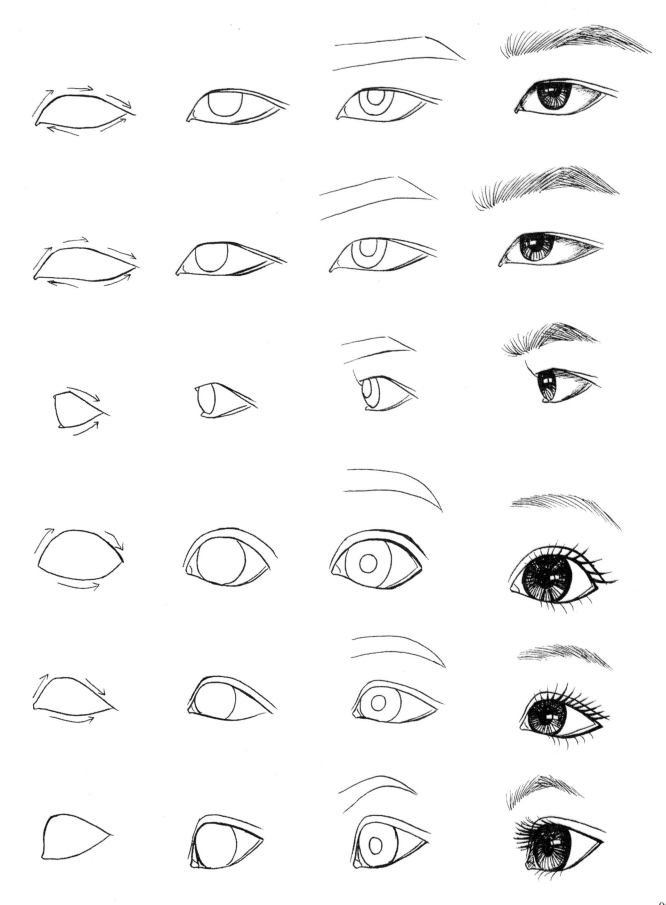

鼻子表现

　　就整体外形而言，鼻子是一个呈三角形的块面，上部的鼻根狭窄、凹陷，下部的鼻底宽阔挺拔。鼻子的结构分为骨头、肉质两部分，而鼻子的骨头又分为鼻骨和鼻软骨两部分，鼻骨位于两眼间的眉心部位，为硬质骨骼，视觉效果向内凹陷。

　　鼻子在一定程度上也能将人物的气质和个性表现出来。鼻头宽大，表现出人物的憨厚老实；鼻子狭窄，给人以精明自私的感觉。

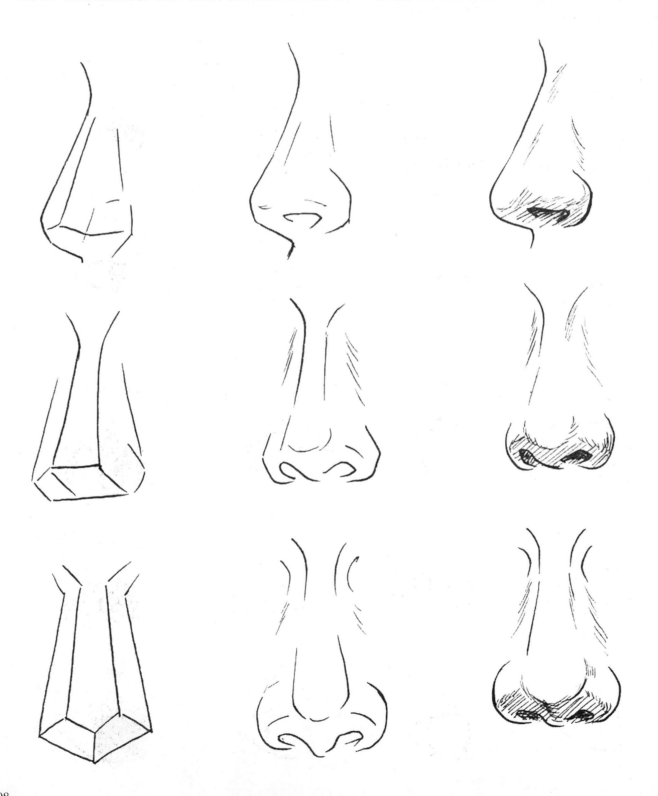

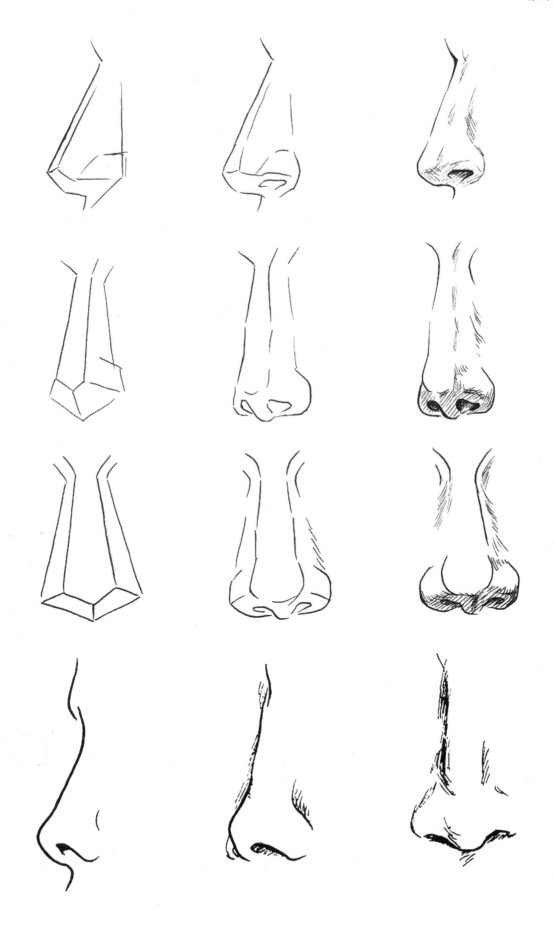

嘴巴表现

　　上唇是一条宽延、柔和的弧线，唇中央微微低陷形成沟痕，前端微微上翘，上唇的长度比下唇长，下唇轮廓像一个拉长的字母W，上下唇均有细细的唇边线。人中位于上唇结节线的上部，是鼻子与嘴之间的凹槽。这一部分的结构由凹到凸，使它的对比变化较为突出。下口唇的变化比较圆滑，分别由左右两个唇结节形成两个微突点。口线是上、下口唇闭合后形成的波状线，两端是口唇终端的嘴角。口线的变化很复杂，受口唇缝隙、上口唇形成的投影和结构转折等几个因素影响。

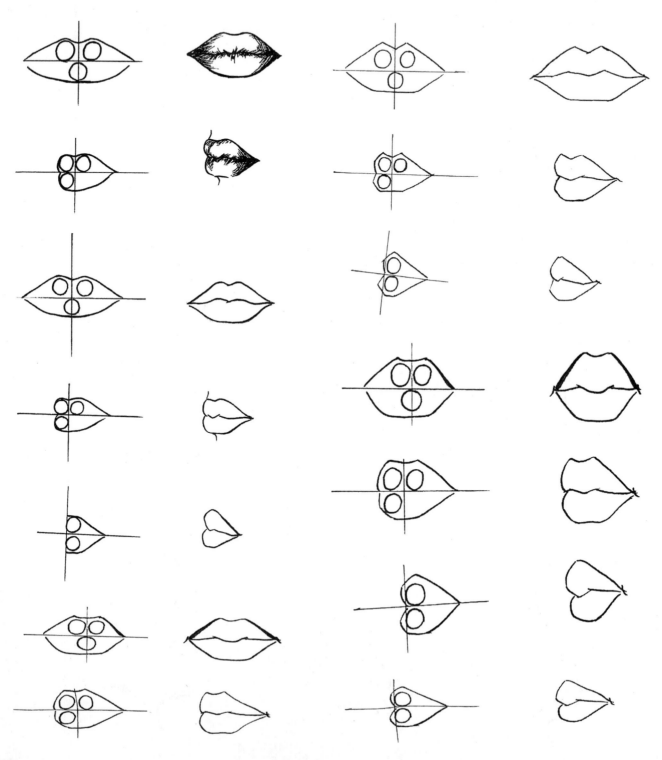

耳朵表现

　　耳朵的形状呈倒三角形，由内耳轮、外耳轮、耳孔、耳屏和耳垂组成。耳朵的结构在五官当中的变化最为复杂，我们在绘画时要注意内外的变化与转折，还要画出耳朵的深度与厚度。耳朵是由软组织组成的，要充分表现其硬度。

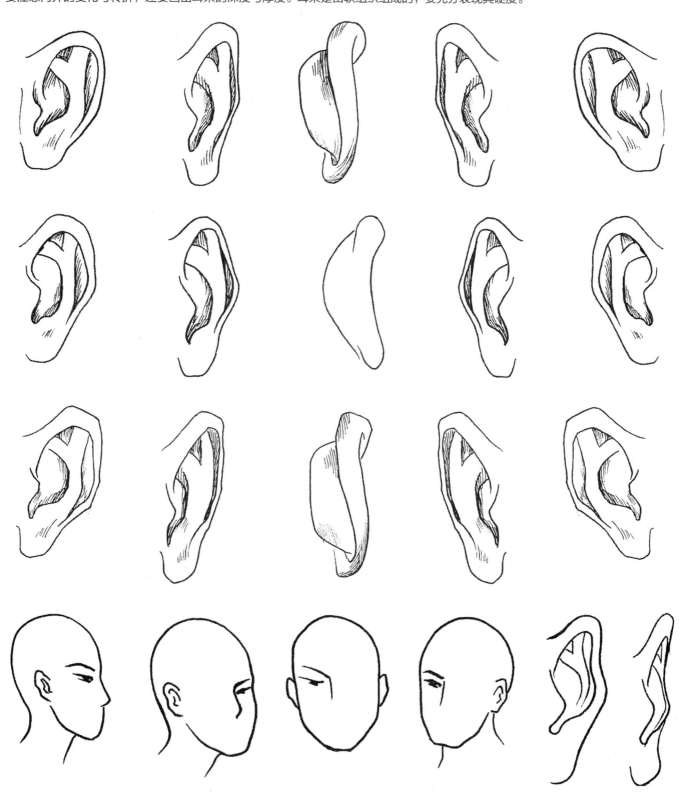

整体头部动势表现

　　头骨形成头和脸部基本的形状，没有一个部分不是由骨骼构成的。在画头的时候，首先要确定眼、鼻、嘴的位置和范围，然后去判断表情和整个面部比例。头部的运动范围很小，只能左右转动，偏斜或前俯、后仰，同时使面部五官产生不同的透视变化。下颚骨的宽度决定脸的宽度，注意眼角的平行、鼻翼的平行和嘴角的平行。因低头动作等，应注意透视关系，注意头颈肩的穿插感。

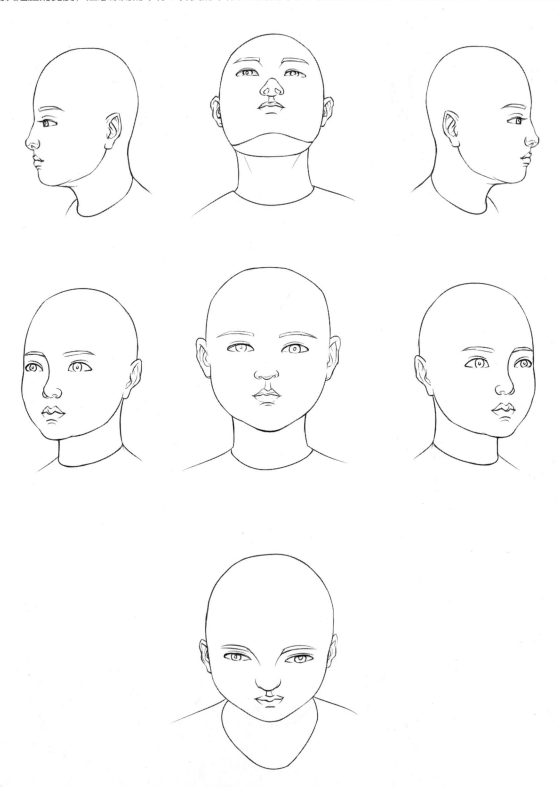

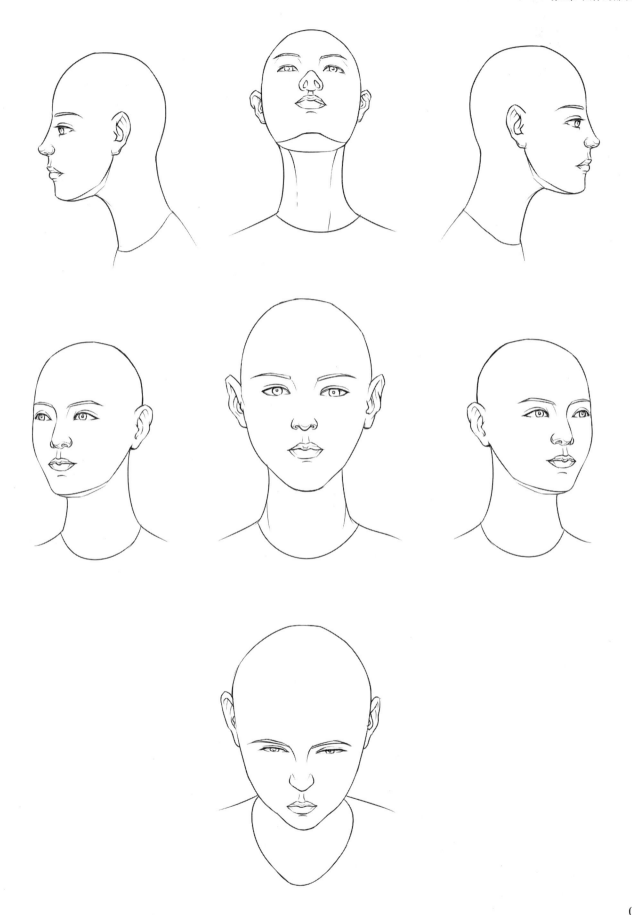

人体四肢表现

　　人体四肢的动势决定了人体的动态，从手臂开始应注意骨头与肌肉的节奏感。

　　上肢由肩部、上臂、前臂和手构成。上臂与前臂在肘部的连接如木榫嵌合而构成肘关节。下肢由髋部、腿部和足部构成。大腿内侧呈垂直状态。小腿外侧较高，内侧较低，下端基本上由骨骼和肌腱组成，胫骨线明显。人站立时，无论是从正面或侧面看，从大腿、膝盖到小腿，是由几段不同倾斜度的体积结合起来的。

　　上肢的主要骨骼有肱骨（上臂骨）、尺骨和桡骨（前臂骨），以及手部的腕骨、掌骨和指骨。对上肢外形影响最大的主要肌肉有三角肌、肱二头肌和肱三头肌。前臂由前侧的屈肌群、外侧的外侧肌群和背侧的伸肌群组成。下肢的主要骨骼有大腿的股骨，小腿的胫骨和腓骨，以及足部跗骨、跖骨和趾骨，其关节有髋关节、膝关节和小腿踝关节等。下肢的主要肌肉有缝匠肌、股四头肌、股背侧肌群、腓肠肌和胫骨前肌等。

手部表现

手部在生活中最常用到，也是全身结构最繁杂的部位。为了更加容易表现，可以把手部分成腕、掌、指三部分。一般男性的手部骨骼突出，女性则反之。由于手指非常灵活，因此手可以摆出各种各样的姿势。在人体动态表现时，一般完成动态后再刻画手的体块，最后再添加细节。

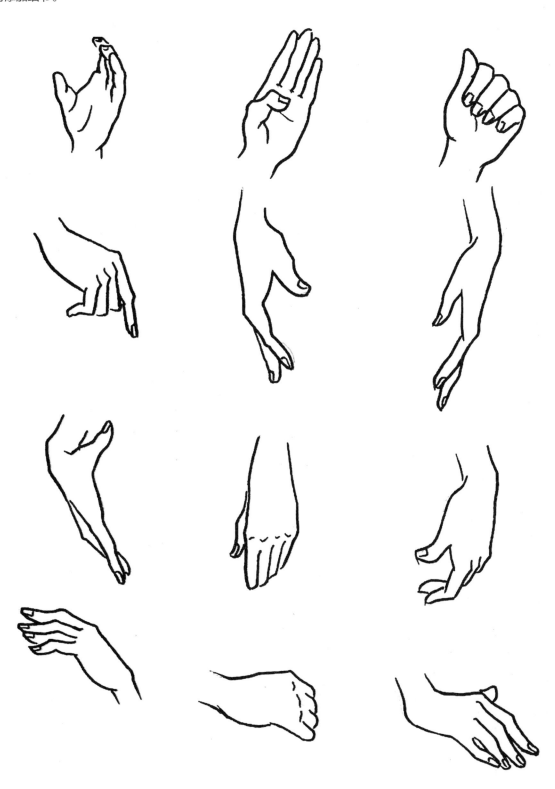

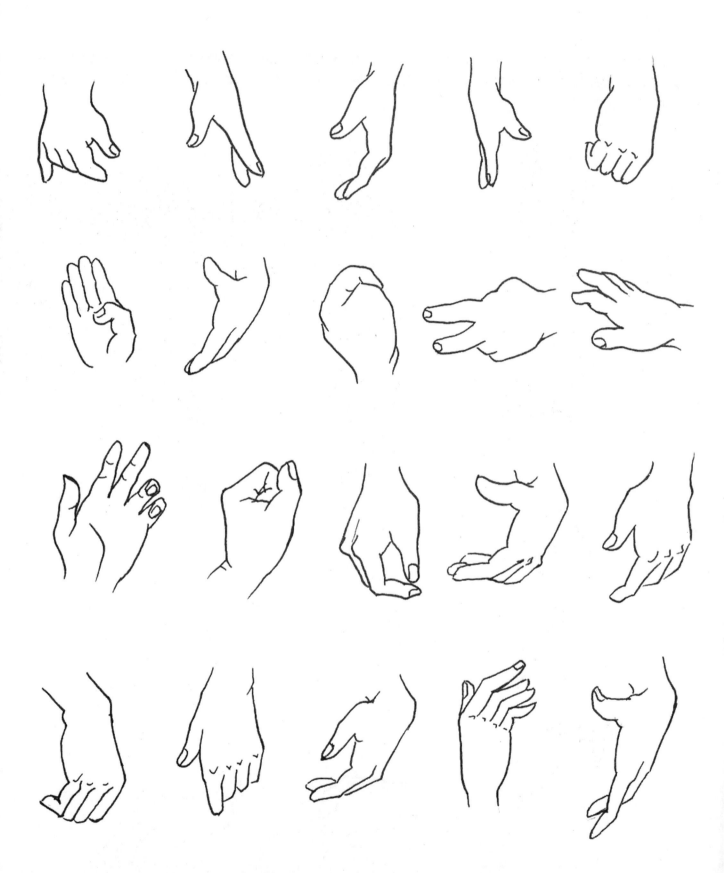

手臂表现

　　手臂指人的上肢，肩胯以下的部位，手腕以上的部位。上肢运动灵巧，肩胯肌分布于肩关节周围，有保护和运动肩关节的作用。一般情况而言，男性手臂较粗壮有力，女性则相对纤细，更具骨感。可以把上臂和前臂看成经过修饰的圆柱体，可以用两个圆柱体来表示，它们比表示躯干的圆柱体更修长，但基本原理是一样的。

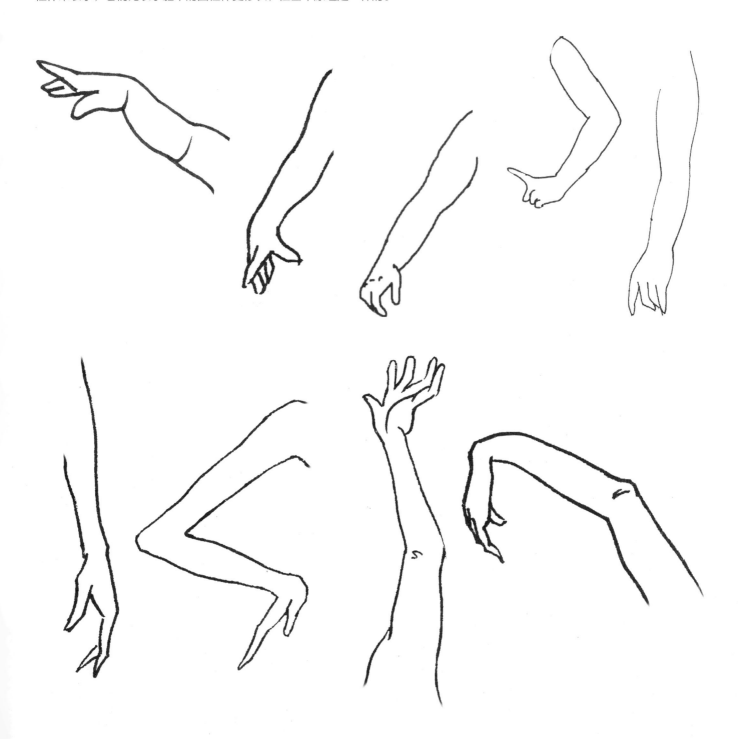

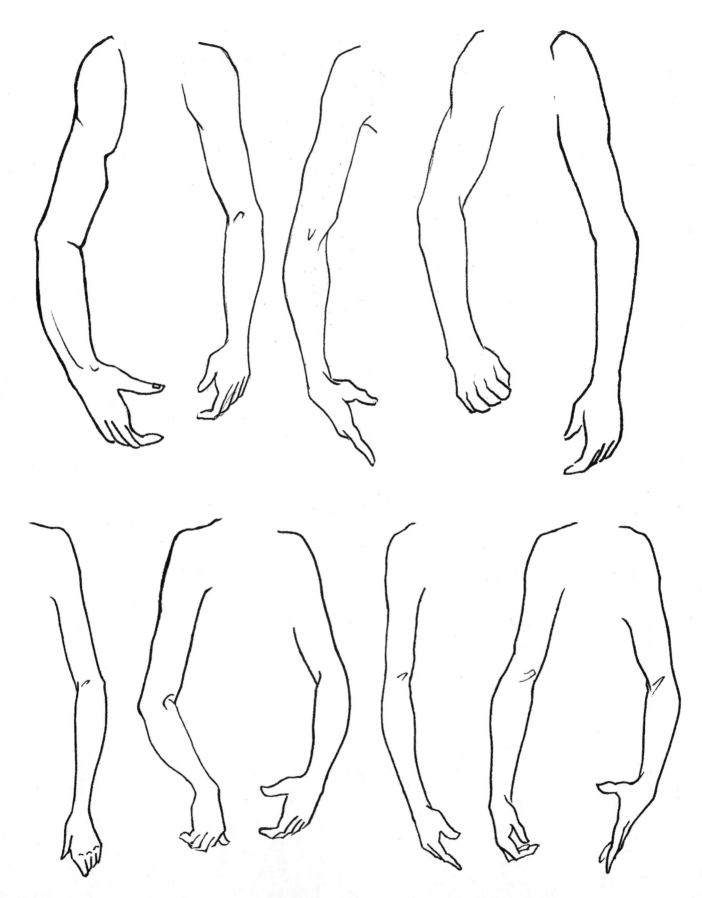

脚部表现

　　脚部可以理解为前大后小，前高后低的楔形，脚背的左右转折线主要在大脚趾向上沿拇趾骨、趾骨一线。在脚外侧，小脚趾后，有一块肌肉组织，是由脚趾展肌形成的脚掌垫。一般男性的脚掌要比女性更大且更具有力量感。

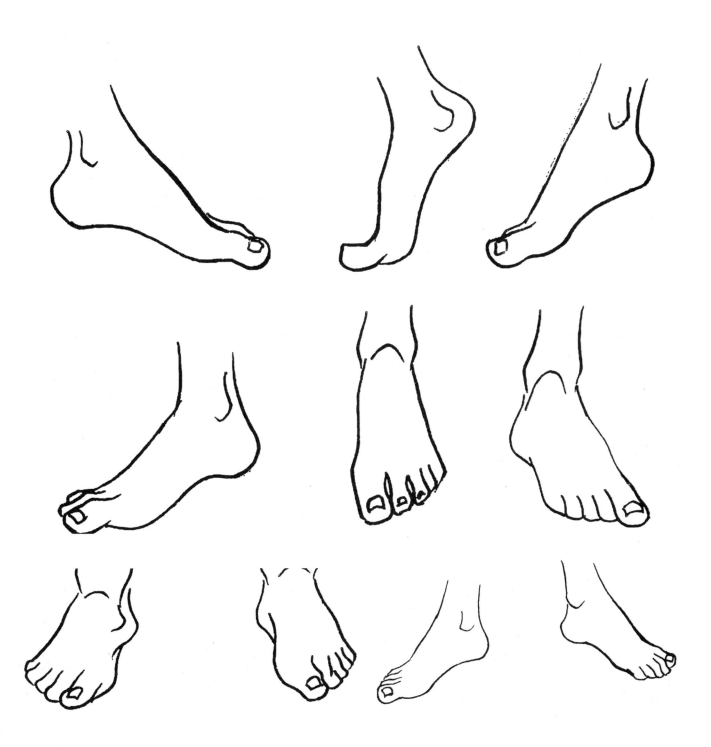

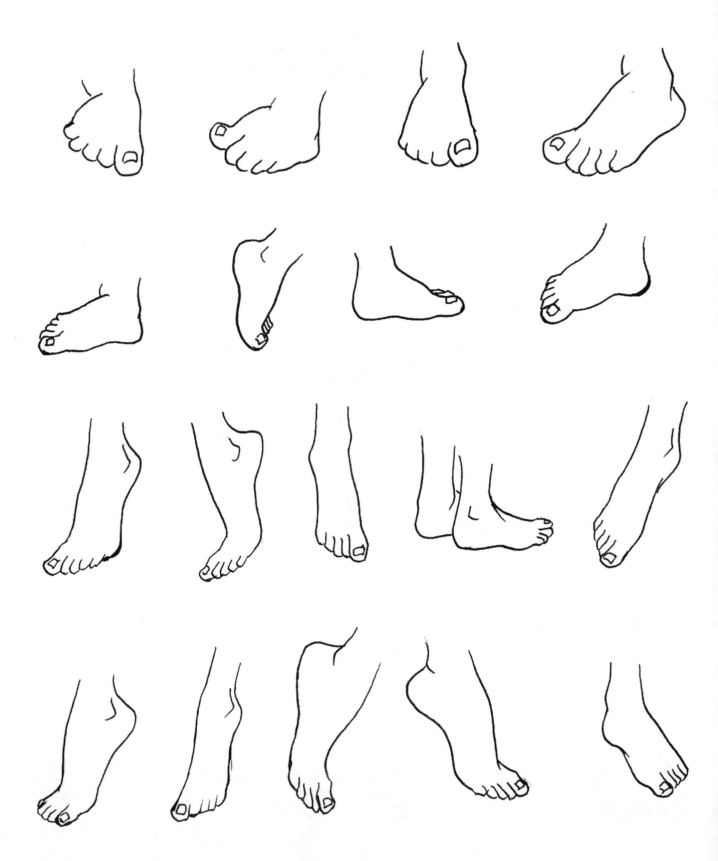

腿部表现

　　腿为从脚踝到大腿根部的肢体，分为大腿、小腿。一般来说，女性的腿部更纤细且具有紧绷感，线条更柔美；男性则更粗壮，具有力量美。和手臂一样，腿的两部分也可以用圆柱体表示，但比表示手臂的圆柱体要粗而长，主要区别在于手臂和腿部的关节向相反方向连接。

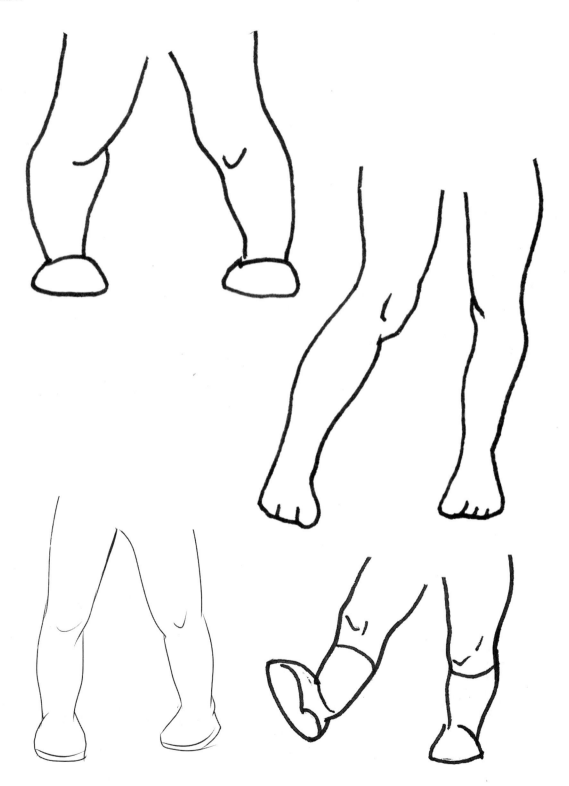

第2章

儿童人体动态表现

　　儿童可分为婴儿（1~3岁）3~4个头长，幼儿（3~6岁）5~6个头长，少儿（6~12岁）6~7个头长，以及青少年（12~15岁）7~7.5个头长。

　　儿童成长的过程中头部的增长是缓慢的，而腿的增长却很明显和有规律。我们观察发现幼童的腿长为1.5个头长，小童的腿长为2个头长，中童的腿长为2.5个头长，大童的腿长为3.5个头长。

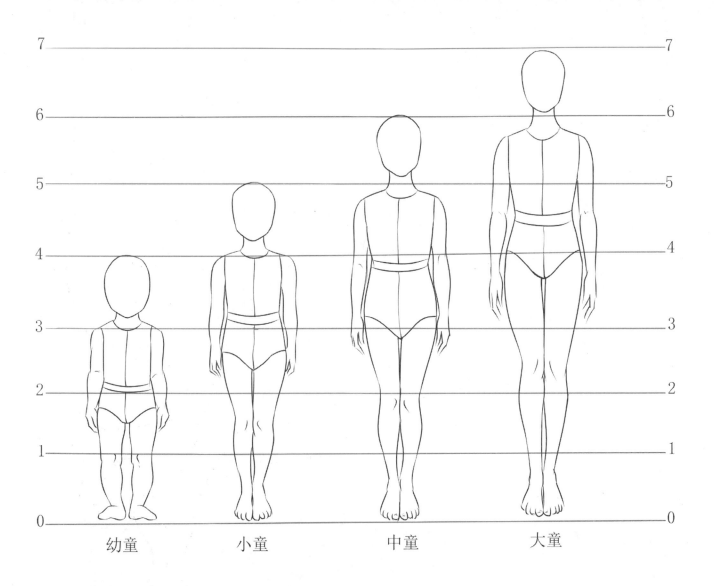

儿童正面站姿动态表现

　　小童肩宽为1个头长，腰宽略小于1个头长，臀宽略大于1个头长。手臂自然下垂时，肘关节位与腰部平齐，腕关节位高于胯部，手部中指高于大腿中部。

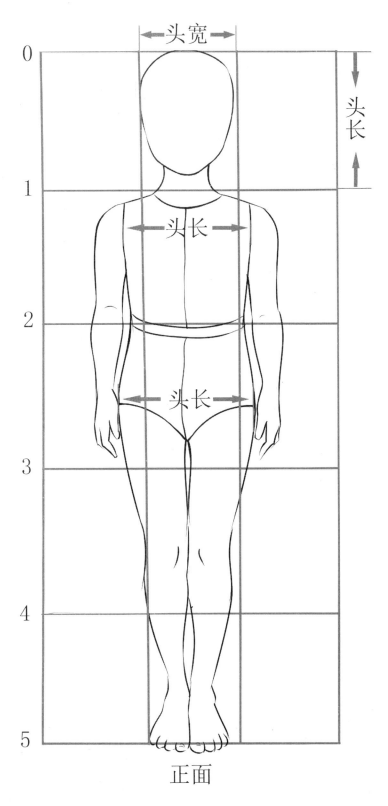

正面

儿童正面站姿动态实例解析

01 勾画出儿童正面基本比例线。

02 填充肌肉及细化局部。

03 刻画正面整体轮廓。

04 处理线条。

05 调整细节，完成儿童正面站姿。

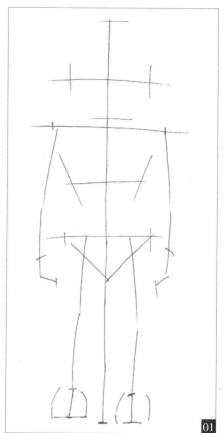

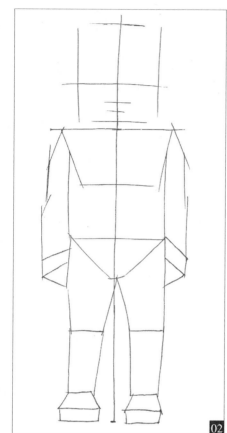

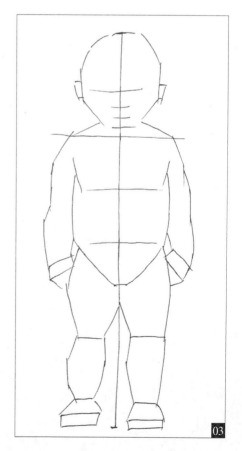

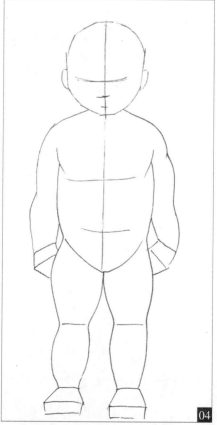

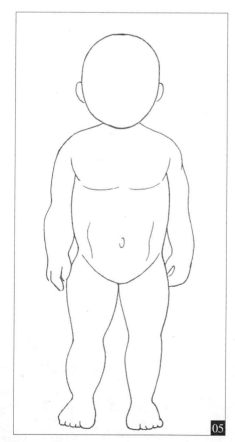

儿童正面站姿动态绘制表现

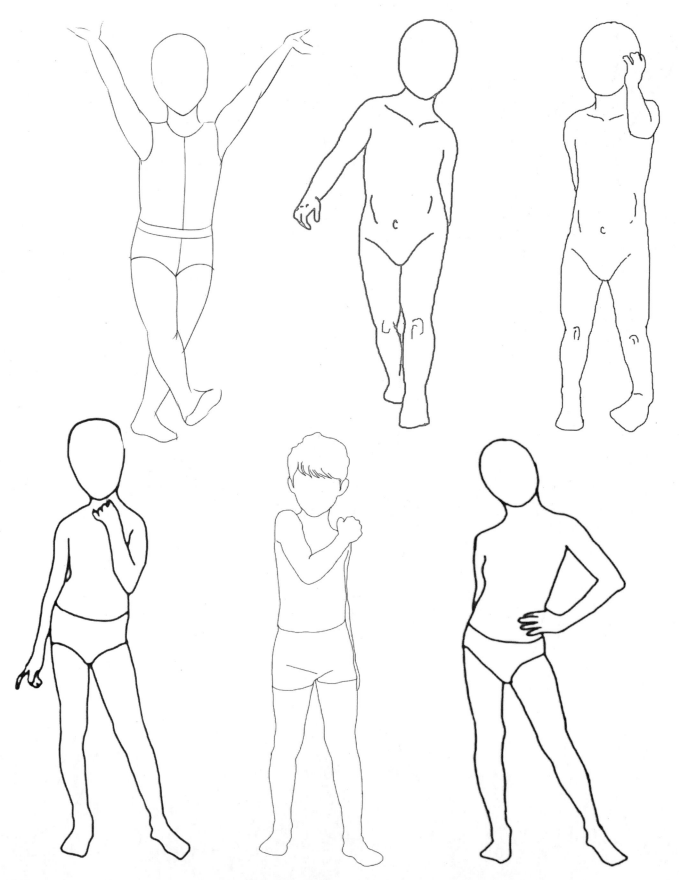

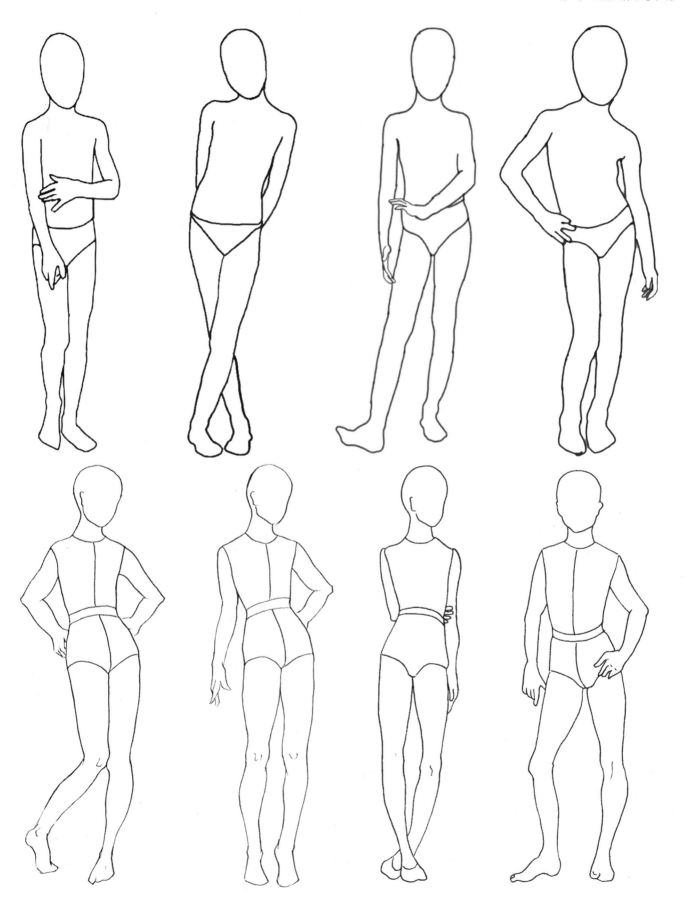

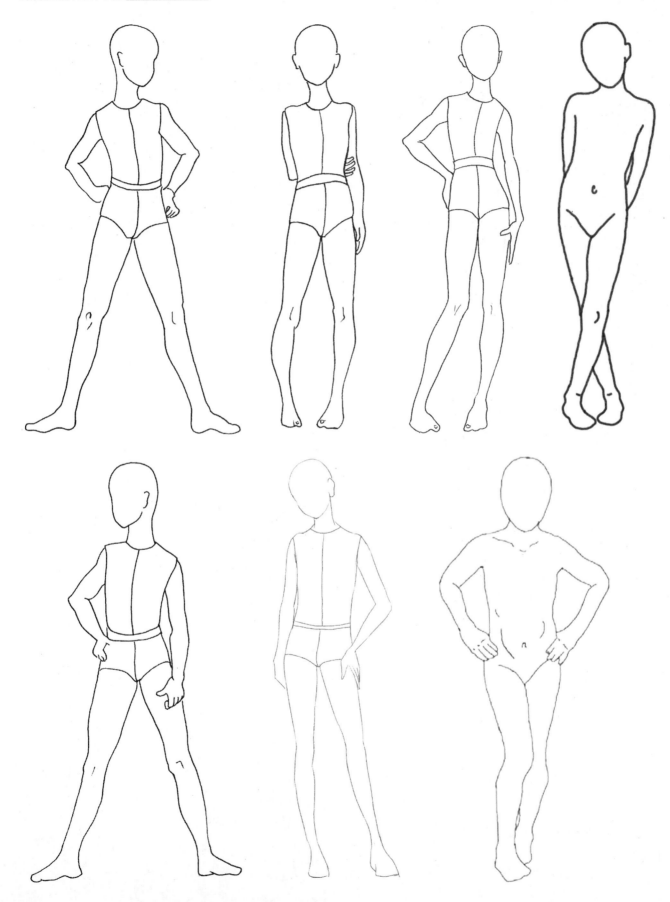

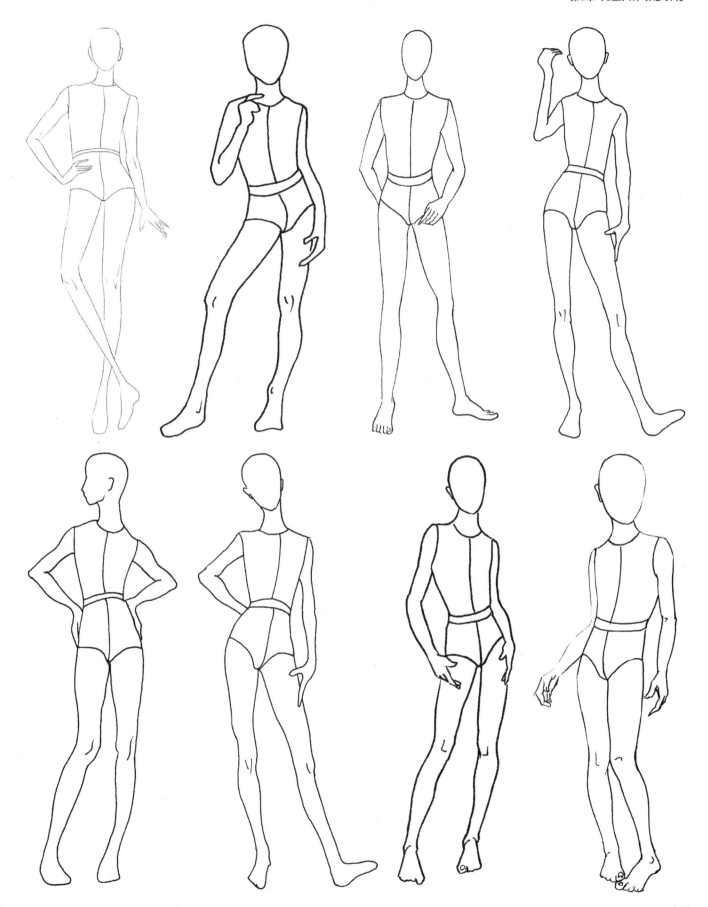

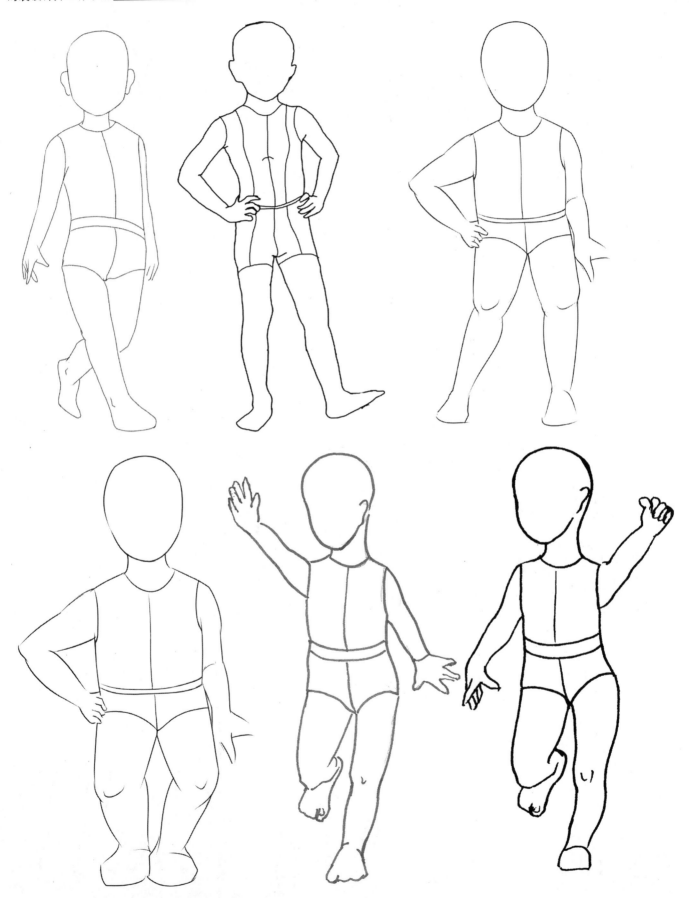

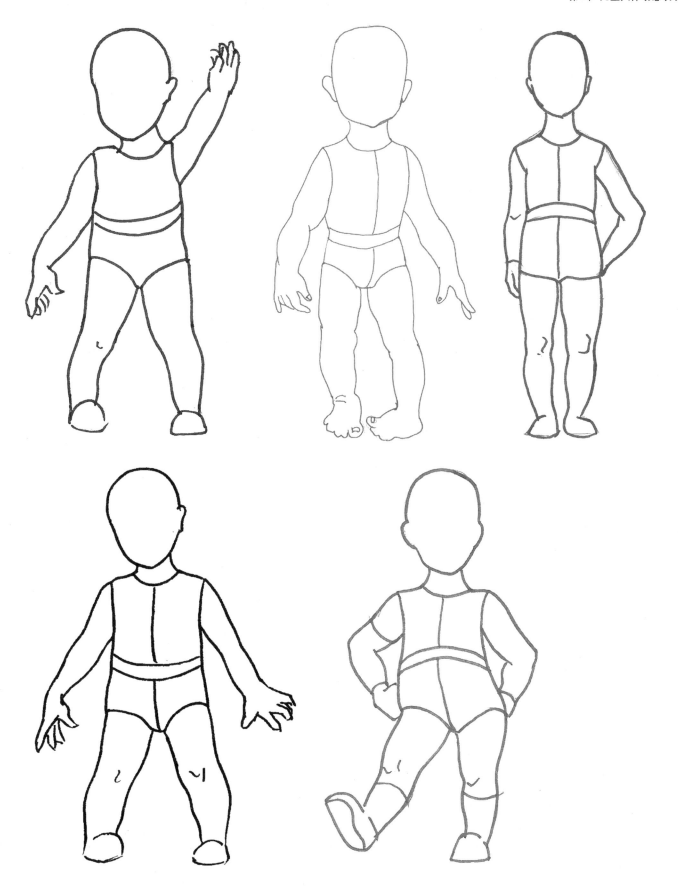

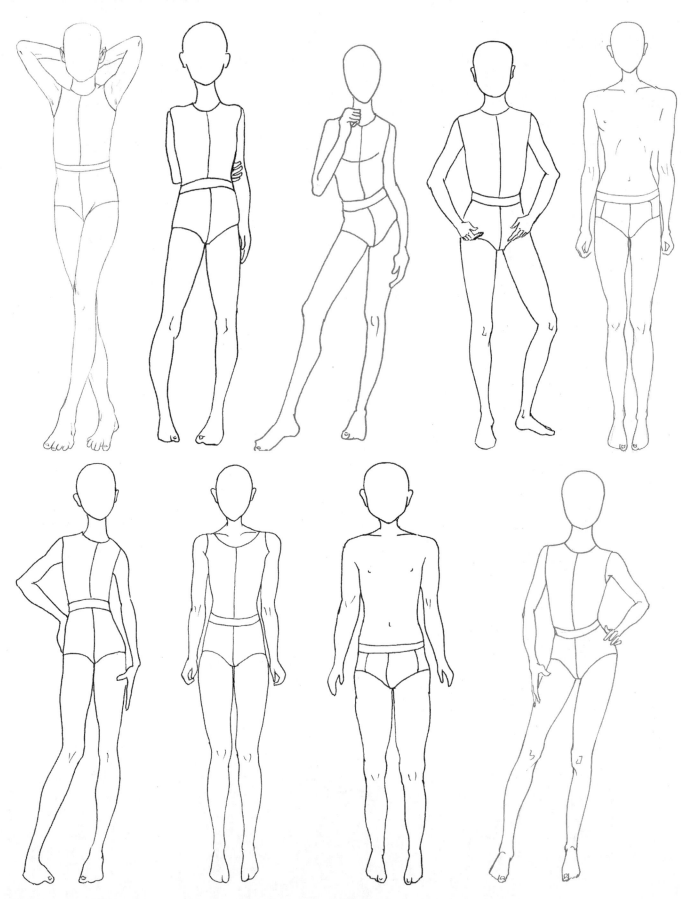

儿童侧面站姿动态表现

画儿童侧面动态图时要注意控制头的大小和身体的比例。从婴儿到青少年，头部与身体的比例发生了很大的变化。不同年龄段的身长比例：婴儿期3~4个头长，幼儿期5~6个头长，少儿期6~7个头长，青少年期7~7.5个头长。因为儿童整体较圆润，应注意肌肉与骨头的区分，以及弱化肌肉追求圆润的感觉，边缘较有弹性，保持整体的节奏感。

正面应夸张儿童的腹部、大腿等较肥胖圆润的地方。侧面应注意儿童肩胛骨的凸起、腰部的回收、腹部的夸张和臀部的S形曲线，整体较为圆滑。

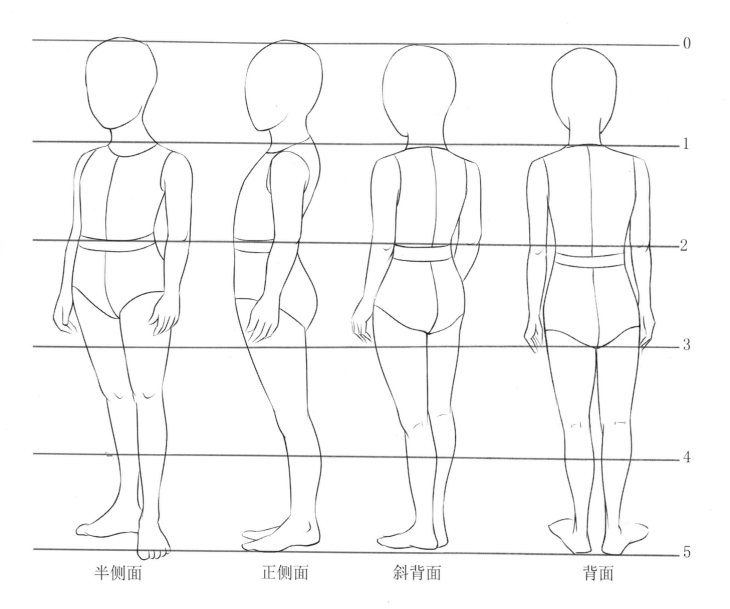

半侧面　　　　　　正侧面　　　　　　斜背面　　　　　　背面

儿童侧面站姿动态实例解析

01 先勾画出儿童人体的基本比例线。

02 填充肌肉及局部。

03 刻画轮廓。

04 刻画手部细节。

05 调整细节，完成侧面人体。

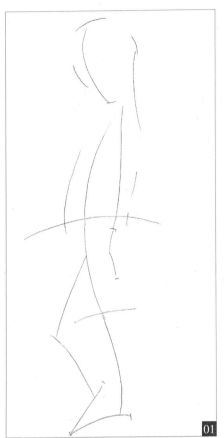

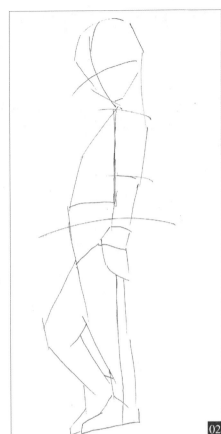

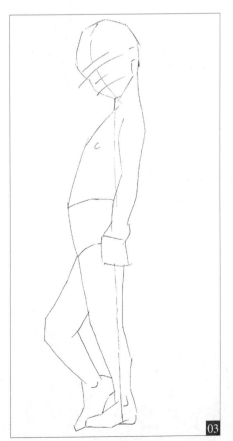

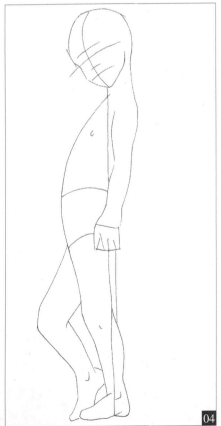

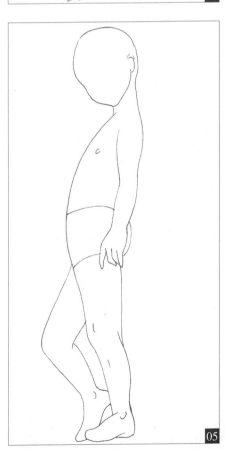

儿童侧面站姿动态绘制表现

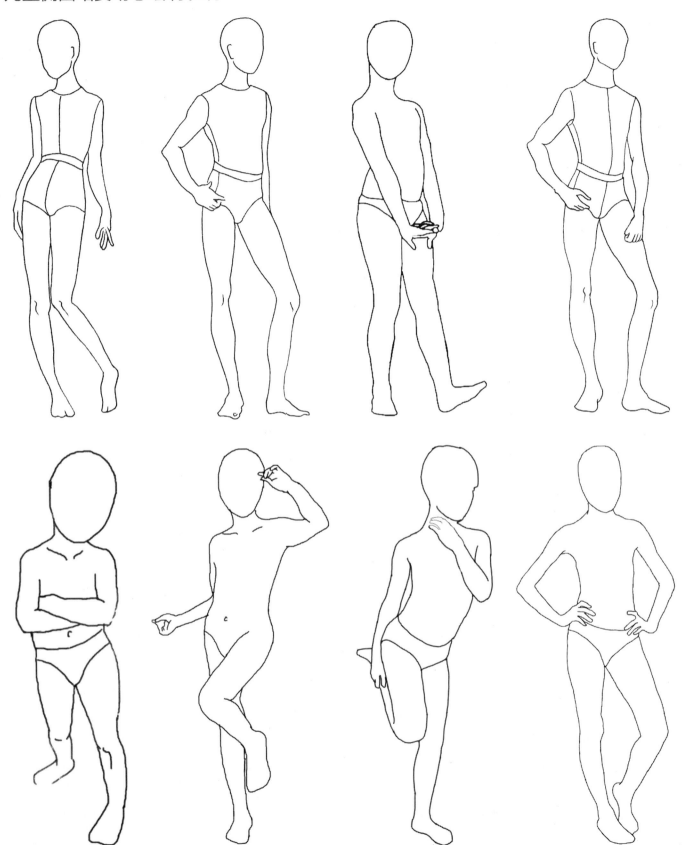

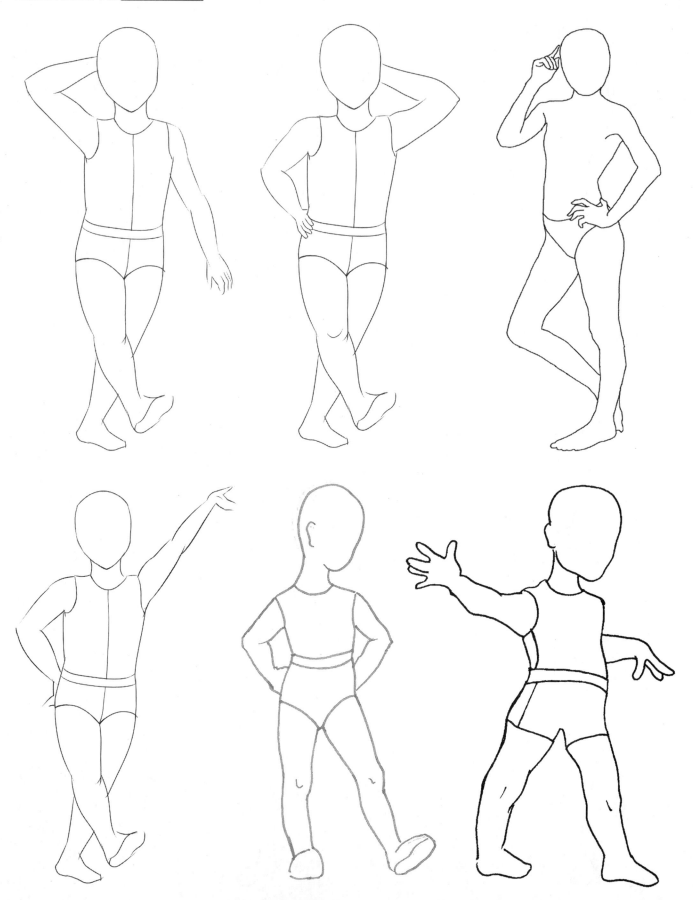

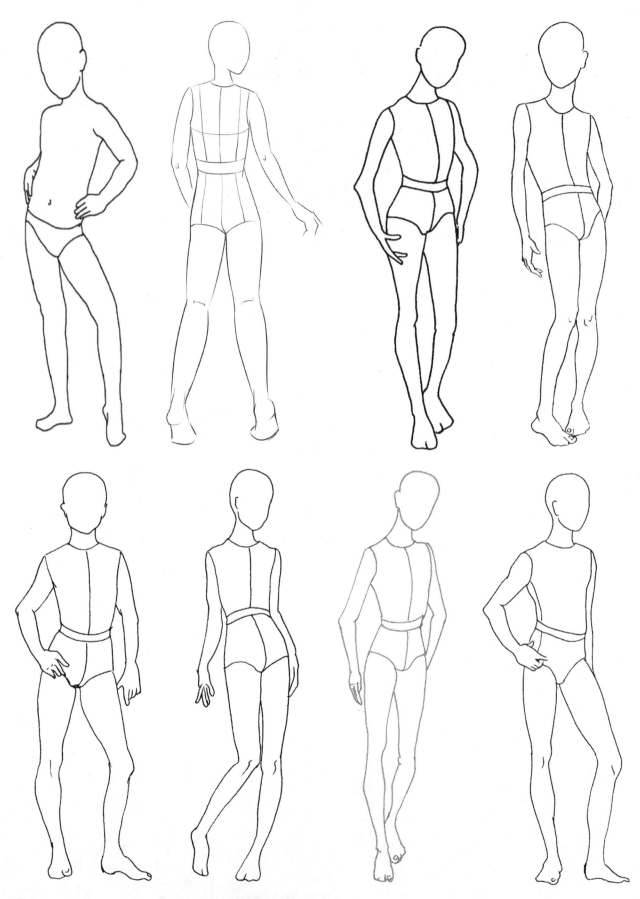

00

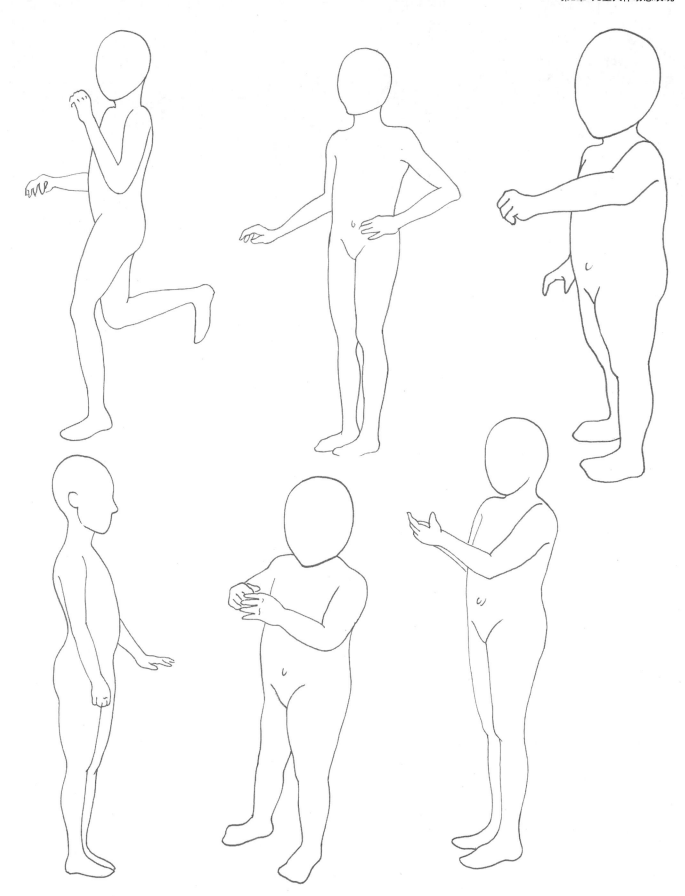

第3章
男性人体动态表现

男装人体的肩宽略大于2个头宽，腰宽略大于1个头长，臀宽略等于2个头宽，正侧面脚长为1个头长。手臂自然下垂时，肘关节位与腰部平齐，腕关节位与跨部平齐，手部中指与大腿中部平齐。

男性与女性的人体主要区别在于骨盆上，男性较女性的盆骨窄而浅，线条多直线，此外男性骨骼和肌肉相对来说比较结实丰满，胸部肌肉丰满而平实，男性人体躯干基本形成倒梯形，同时男性的手脚较女性偏大。

男性正面站姿动态表现

先定出头、脚的位置，找出人体大的比例关系，再从颈窝引垂直线到脚，找出重心线。然后画出肩、骨盆和膝盖的倾斜关系，同时注意肩、胸、腰和骨盆的宽度。由于男性要比女性肩宽，骨盆窄，因此线条多直线。

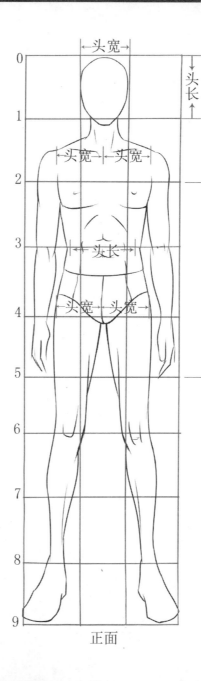

正面

第2个头长处为胸线，第3个头长处为腰线，第4个头长处为跨部线，跨部线宽为2个头宽。

第5个头长处为大腿中部，第6个头长处为膝关节，第7个头长处为小腿中部，第8个头长处为踝关节，第9个头长处为脚部。

男性正面站姿动态实例解析

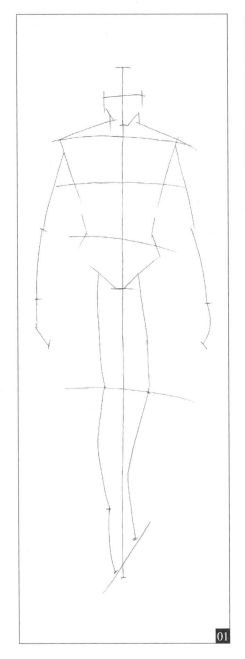

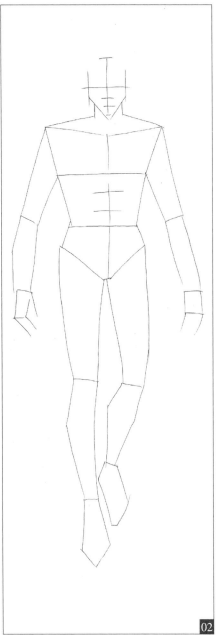

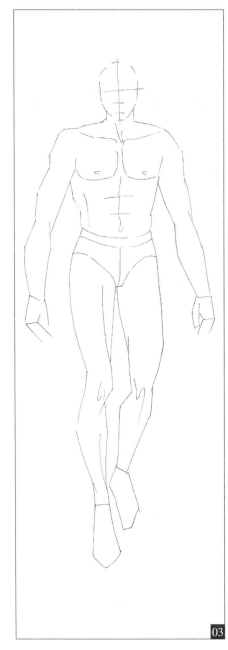

01 先勾画出基本比例线。

02 参考比例线，大致勾画出基本的形体。

03 根据比例和基本的结构进行细化，填充肌肉。

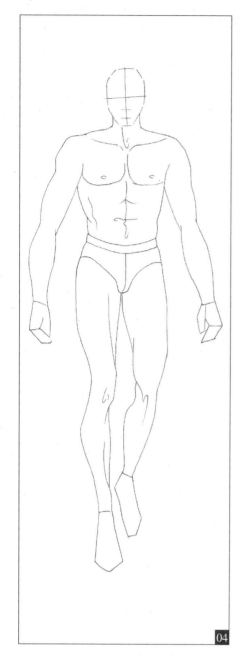

04

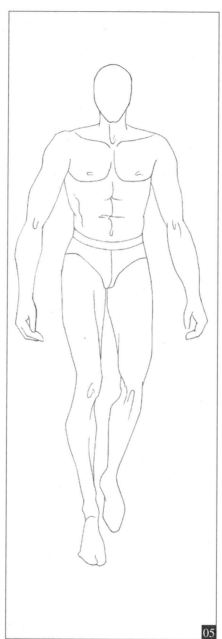

05

04 进一步细化人体结构。

05 检查并调整画面，完成正面人体动态表现。

男性正面站姿动态绘制表现

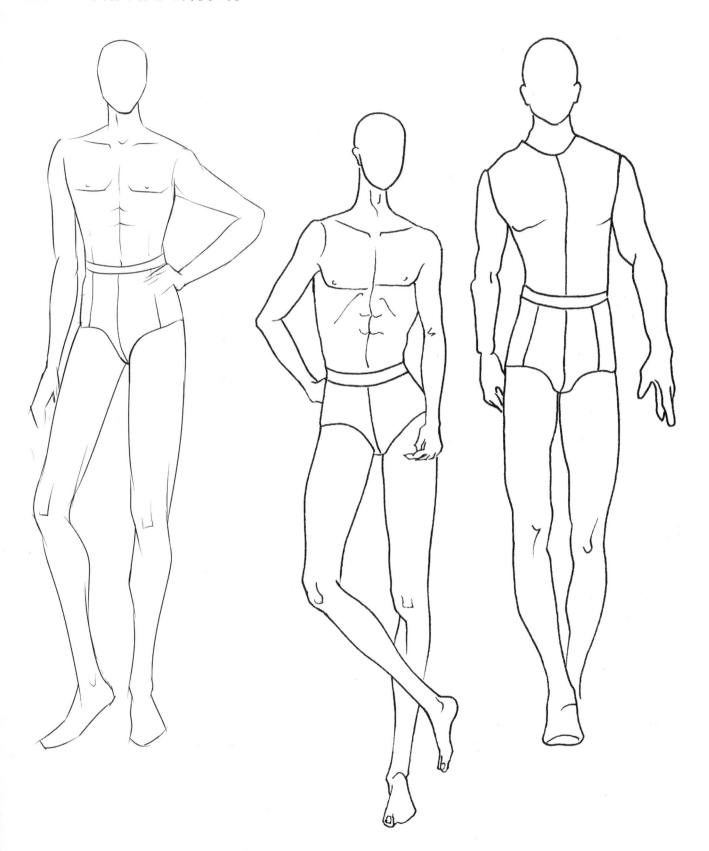

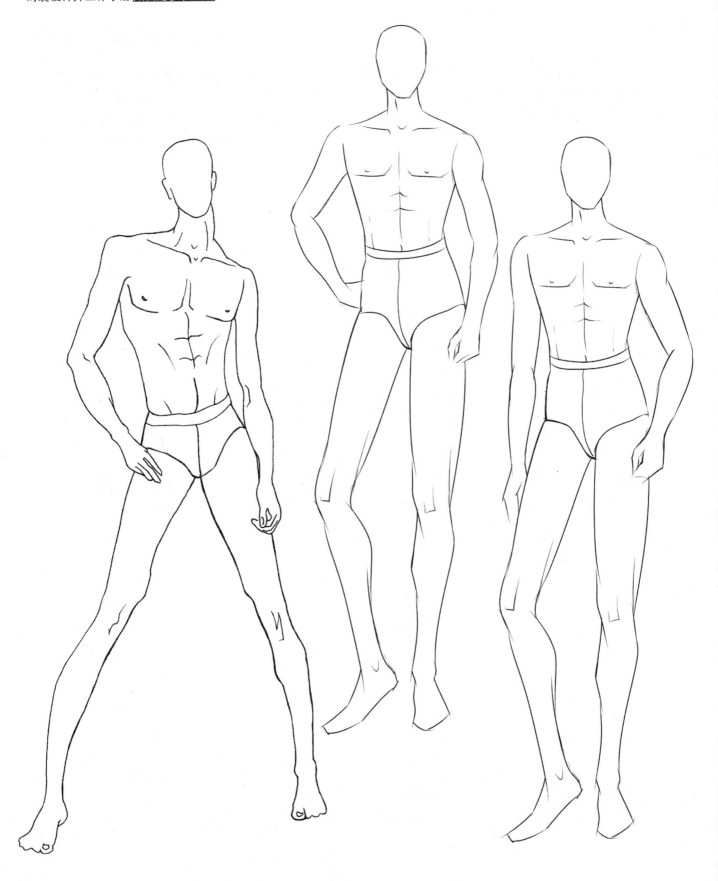

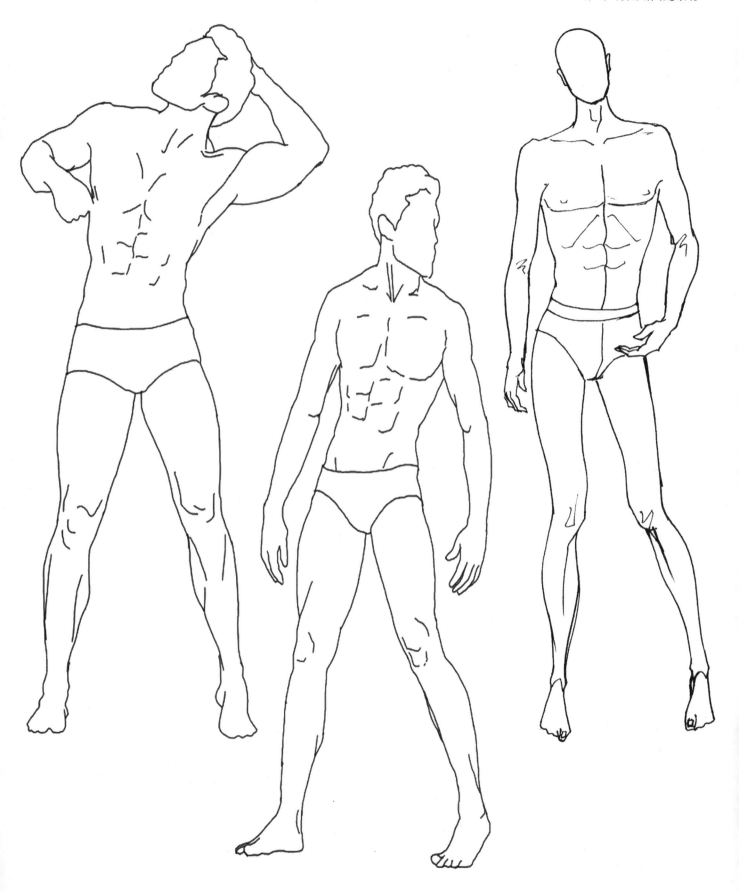

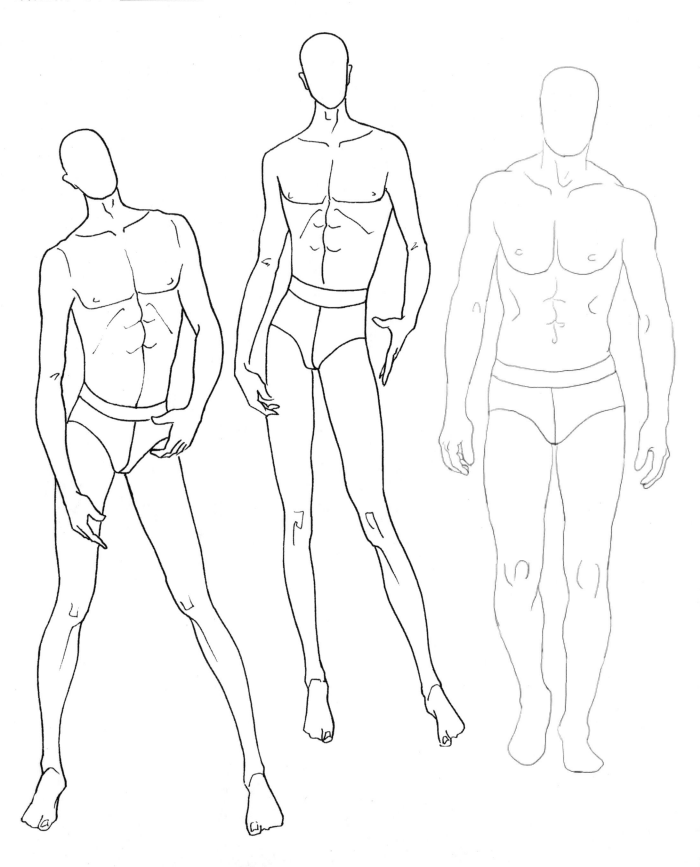

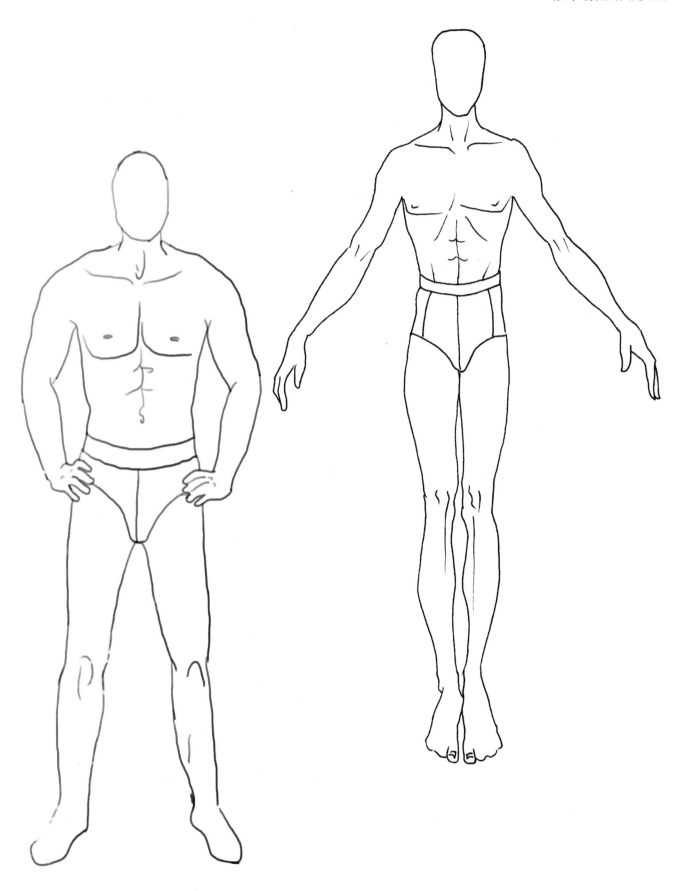

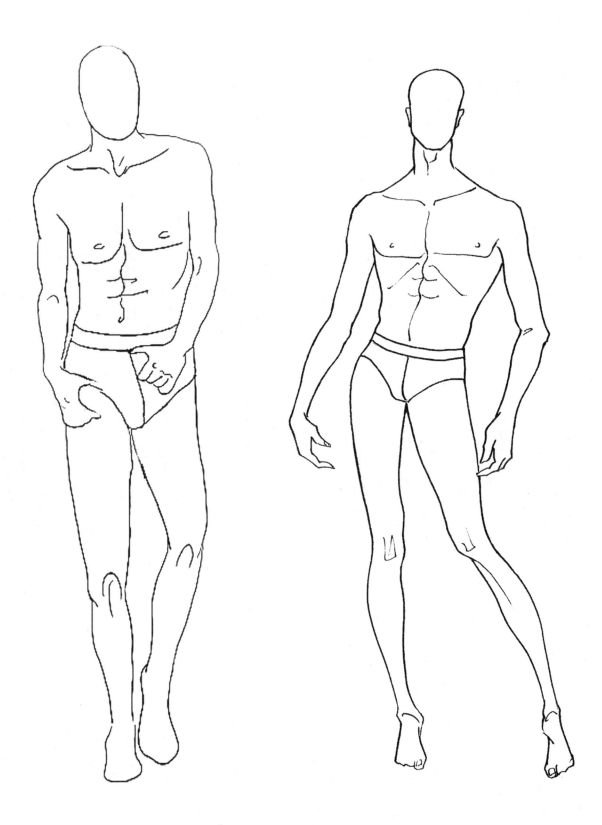

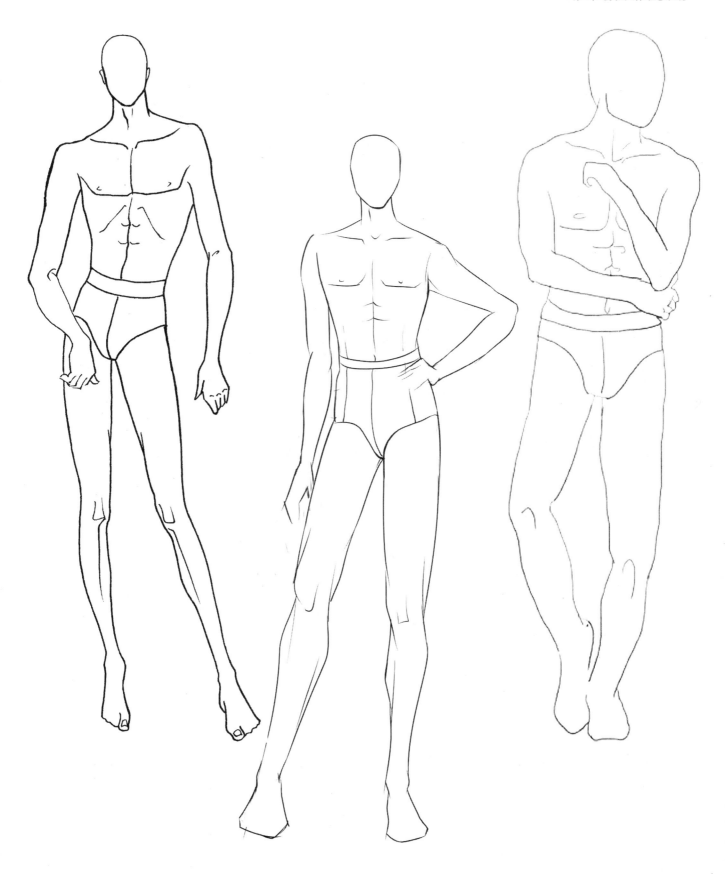

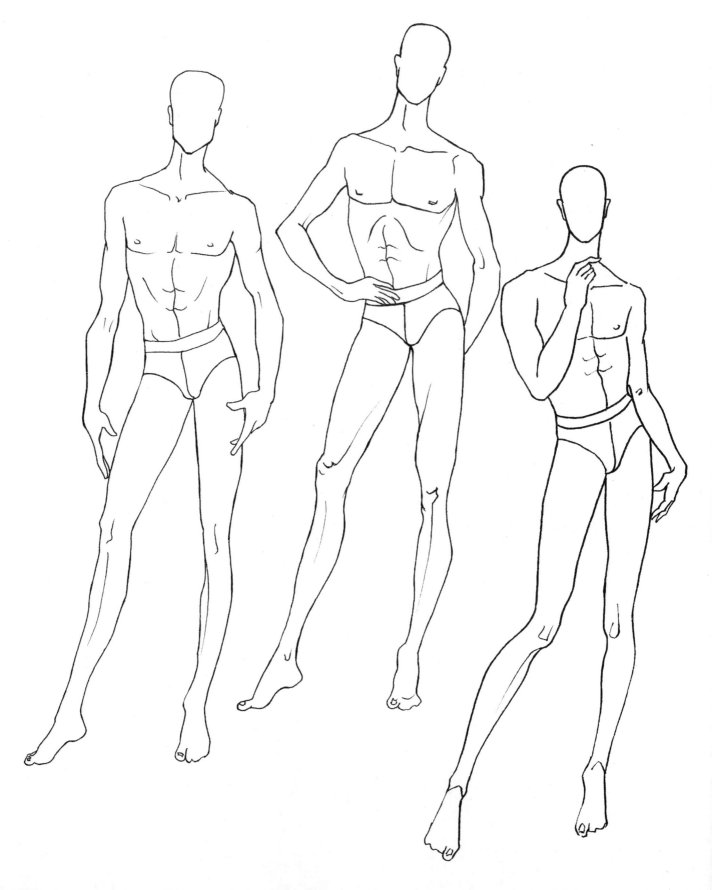

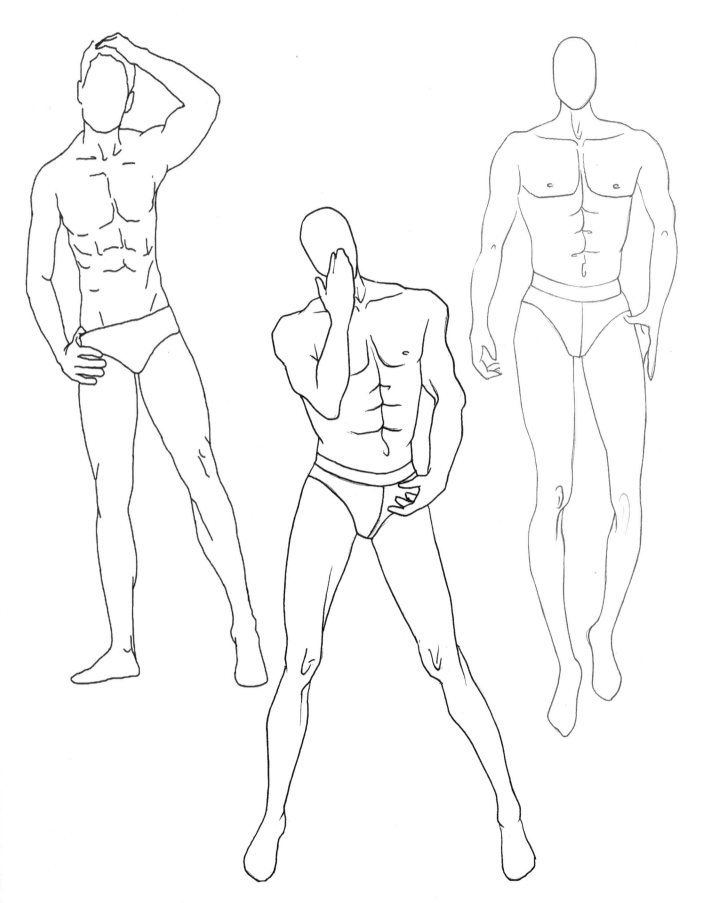

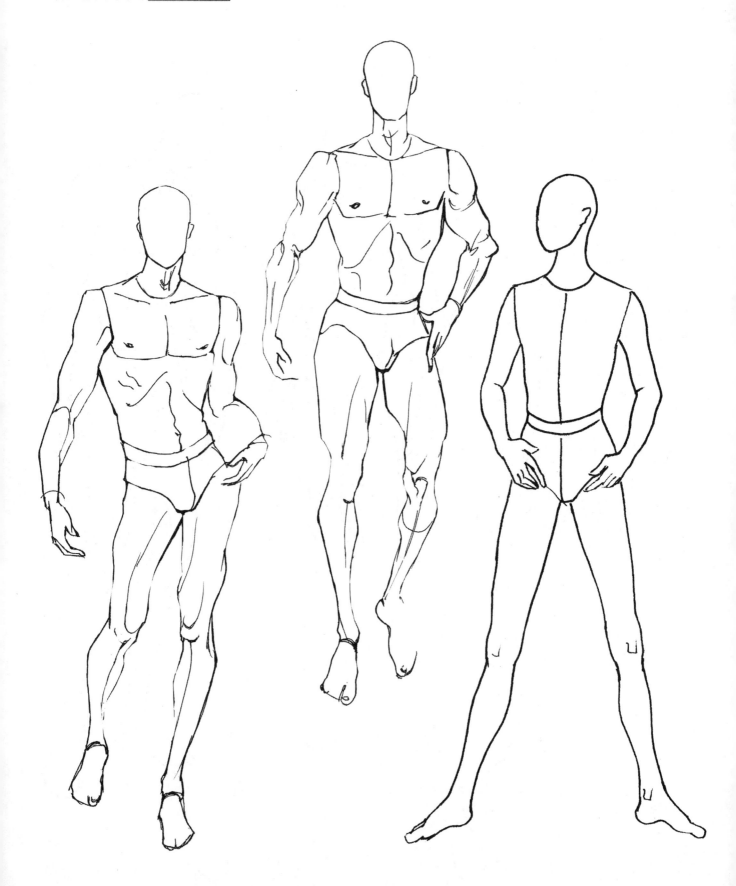

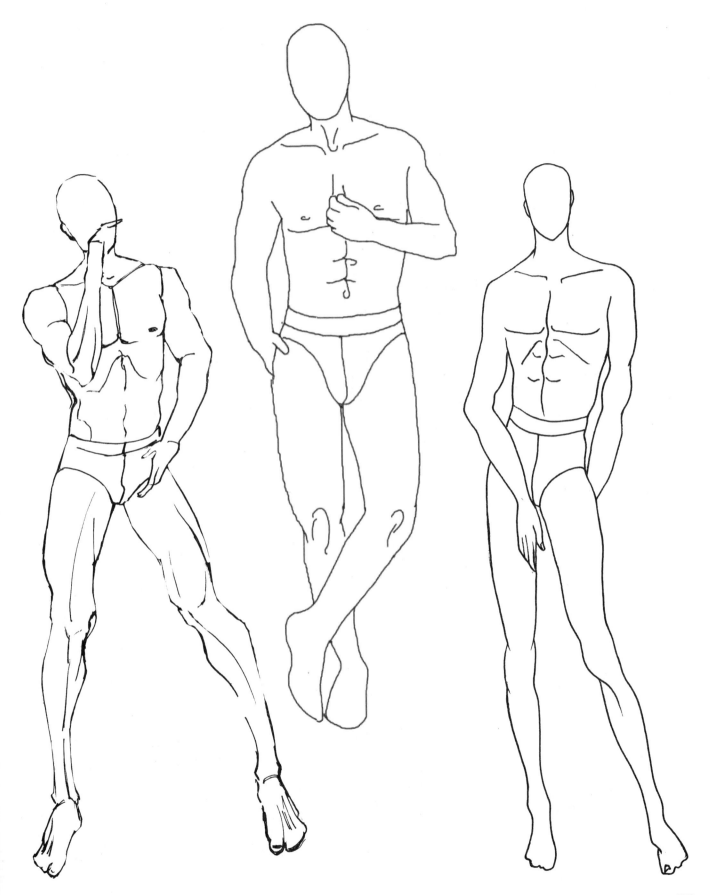

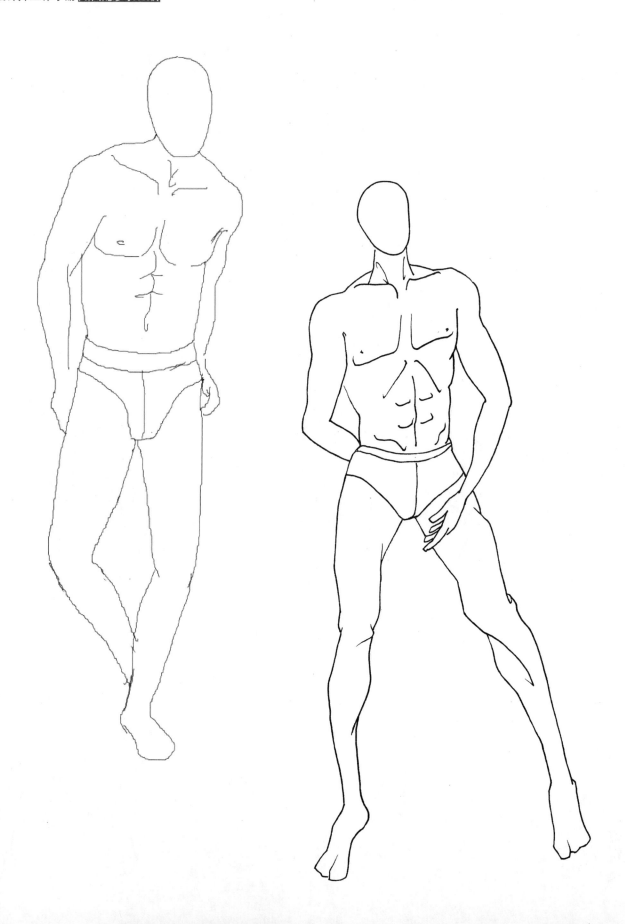

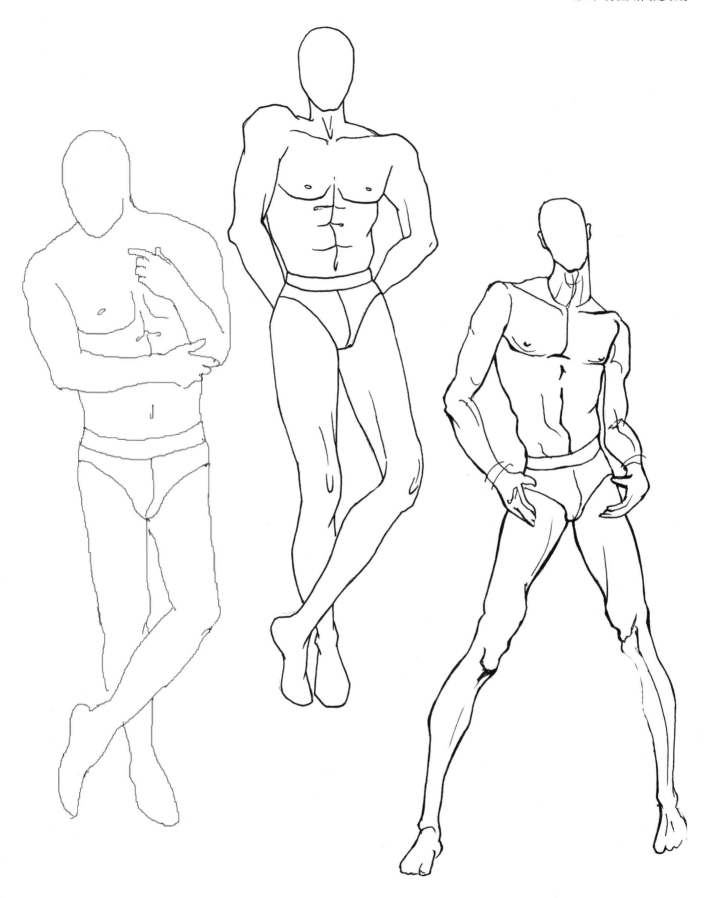

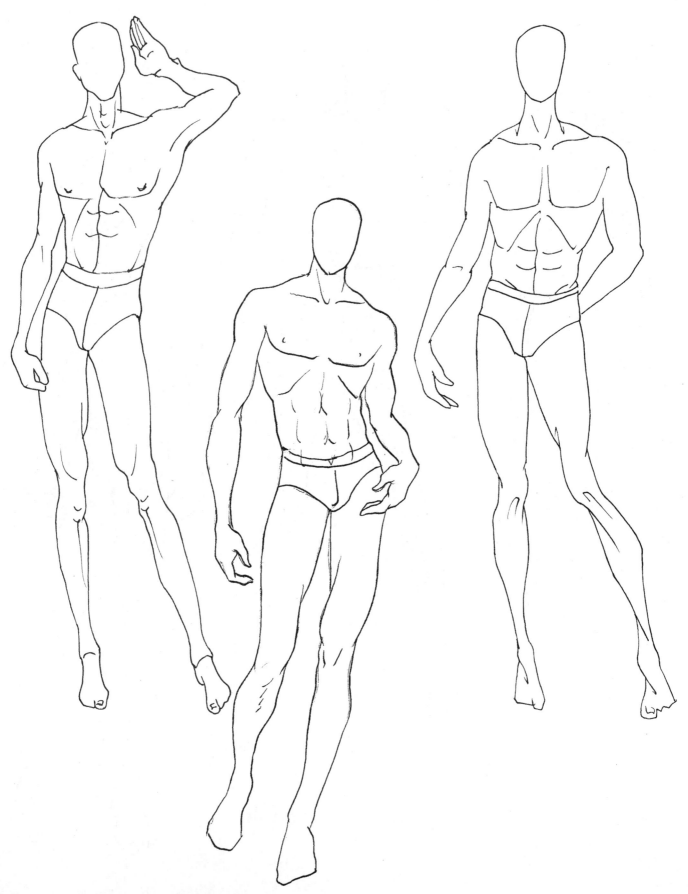

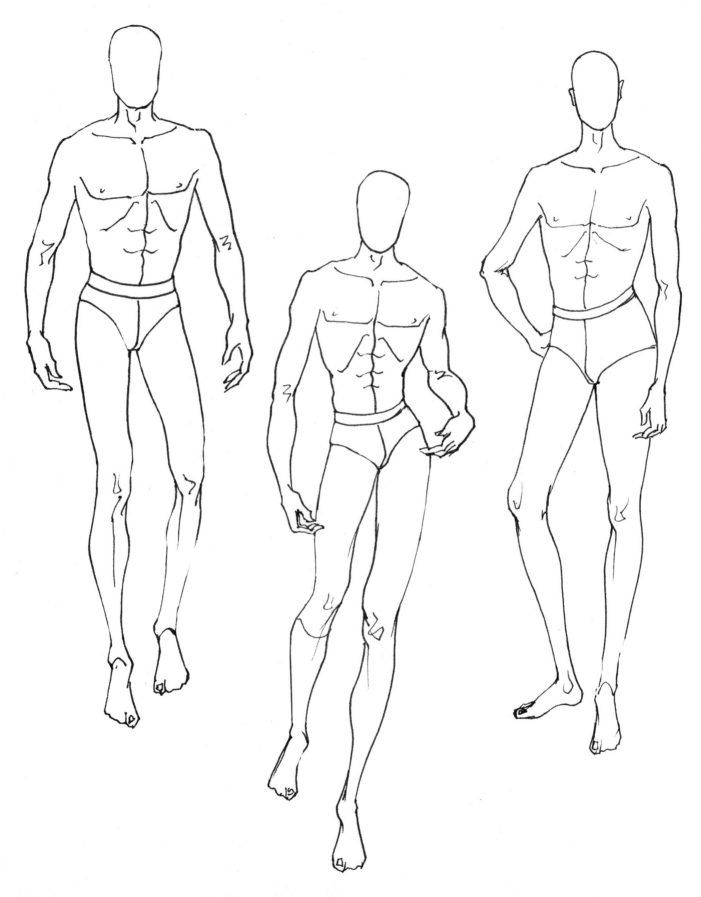

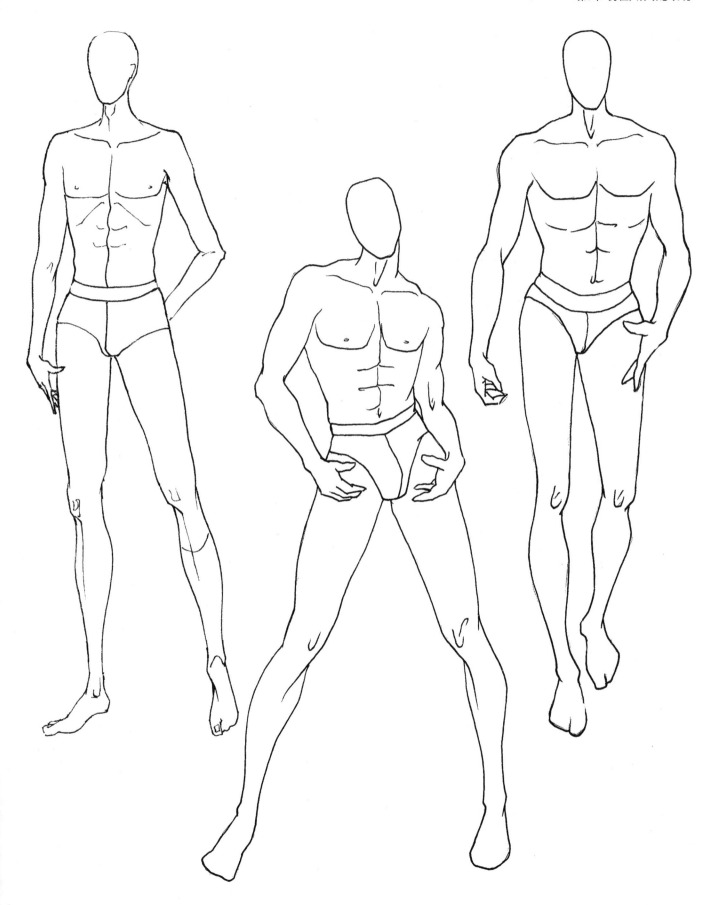

男性侧面站姿动态表现

男性侧面动态主要包括3/4侧面和正侧面两种。当处于3/4侧面时，由于透视变化，肩宽略小于正面人体的肩宽，肩宽线发生倾斜时，胯部线会与之反向倾斜；当处于正侧面时，由于动态变化，肩宽为1个头宽。在表现男性侧面站立动态时首先确定头和脚的位置，之后划分头、躯干和四肢的比例关系，最重要的是注意头、颈和腿的动势线，侧面人体中间的动势线是表现侧面人体动态关系的重点，之后整理外轮廓线，要注意线条流畅。

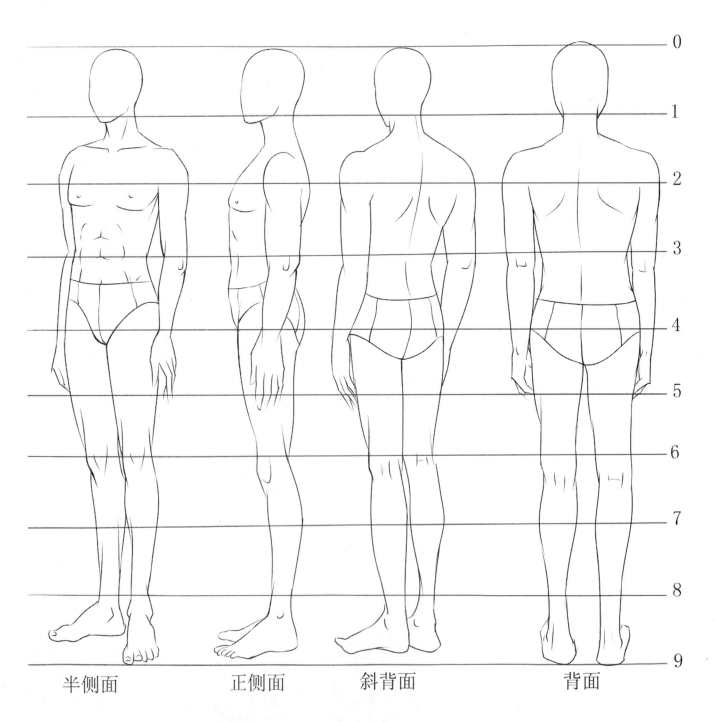

半侧面　　　　　　　正侧面　　　　　　　斜背面　　　　　　　背面

男性侧面站姿动态实例解析

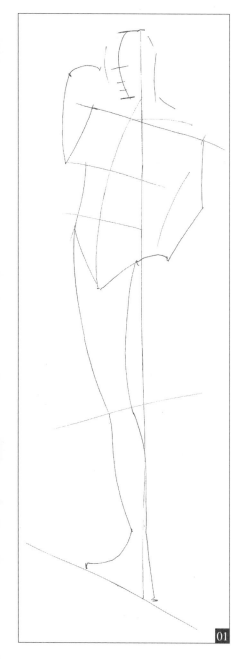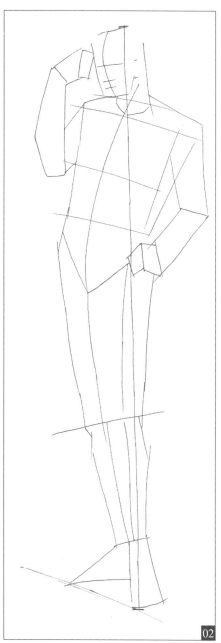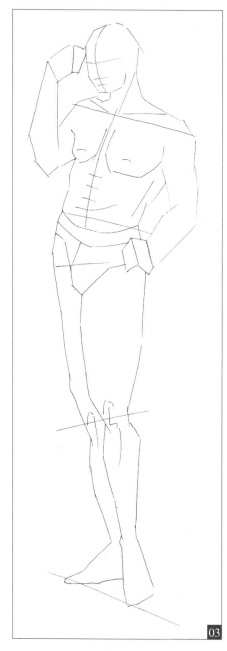

01 勾画出侧面基本比例线。

02 参考比例线，大致勾画出基本的形体。

03 根据比例和基本的结构进行细化，填充肌肉。

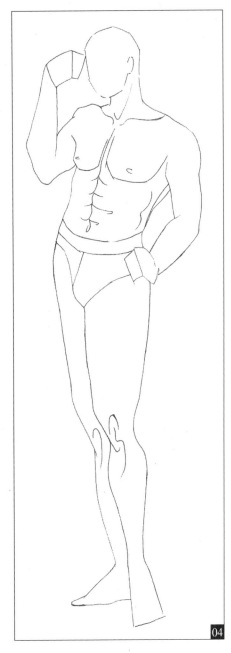

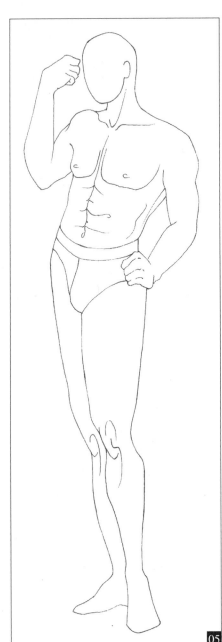

04 进一步细化人体结构。

05 检查并调整画面，完成侧面人体
动态表现。

男性侧面站姿动态绘制表现

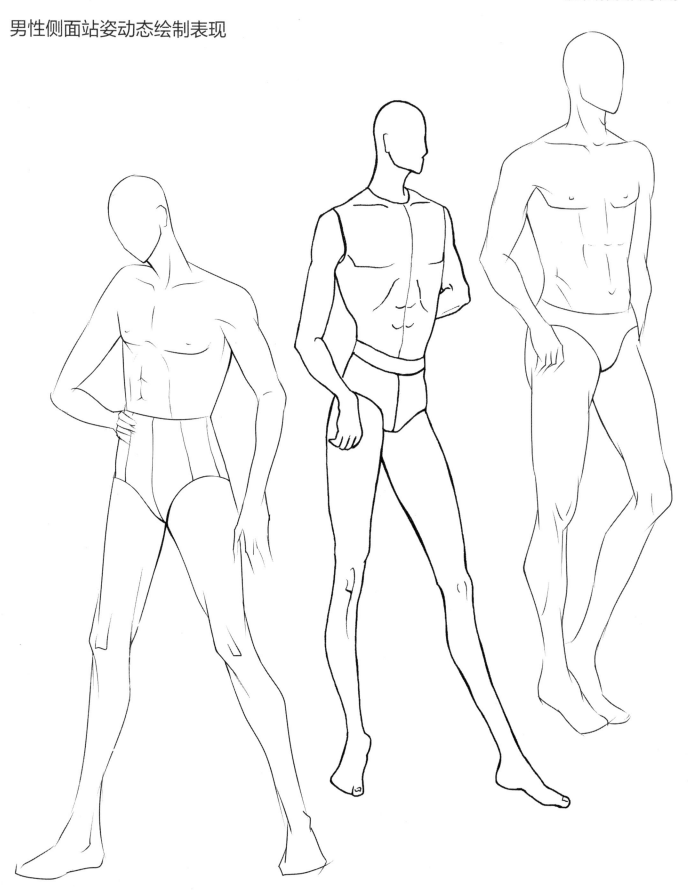

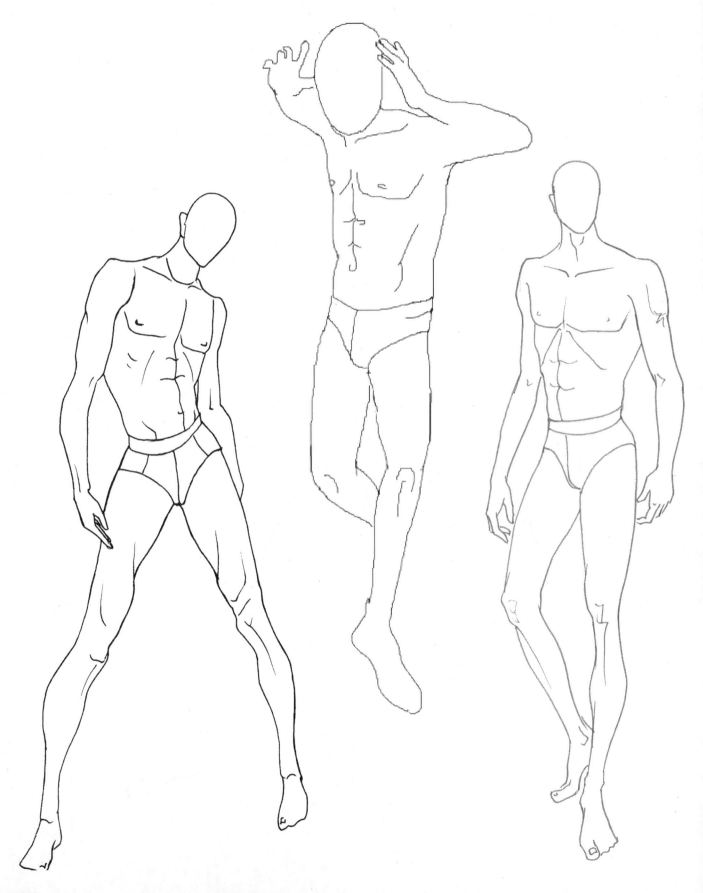

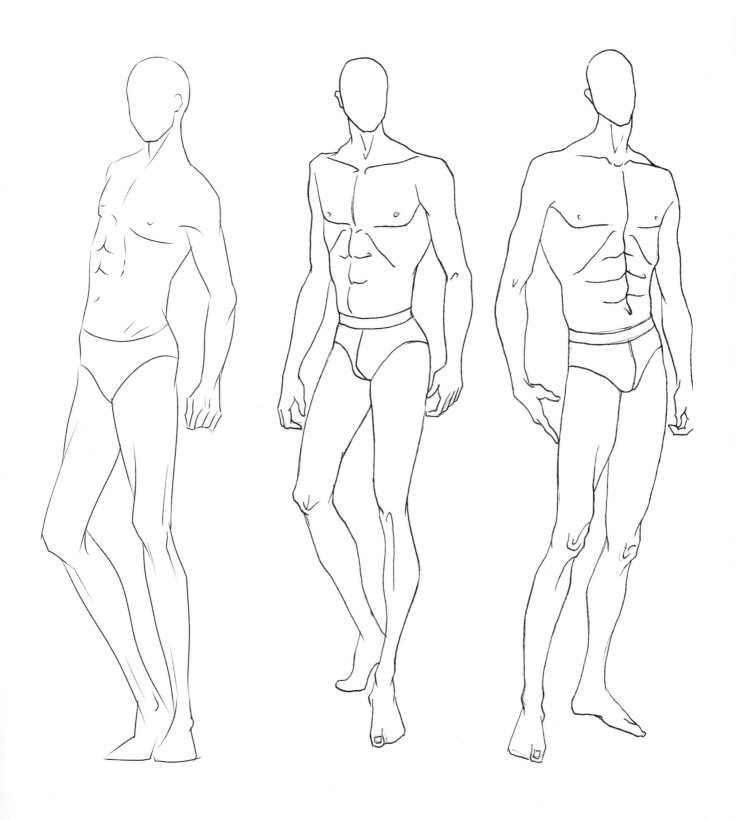

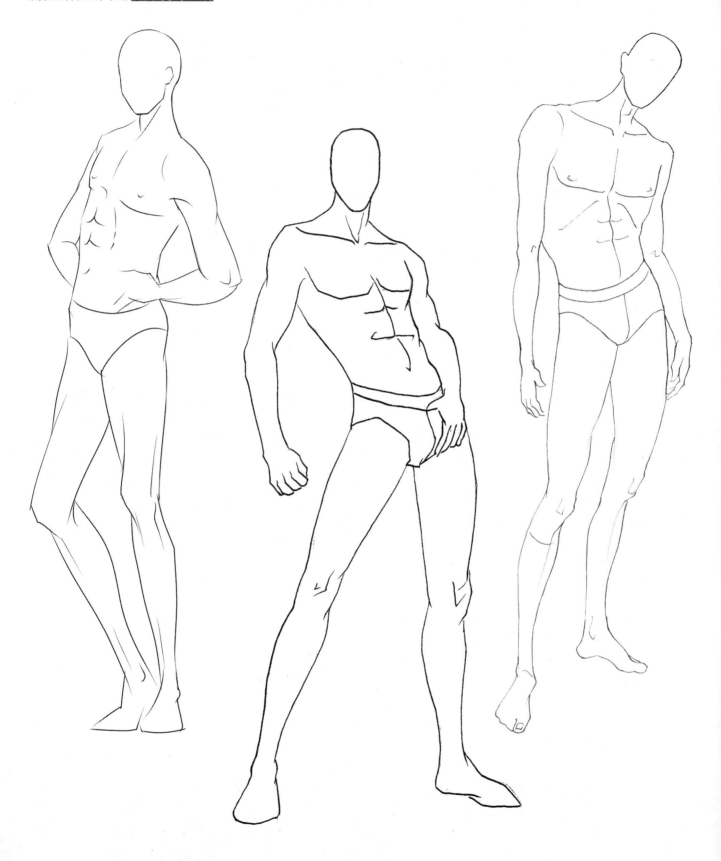

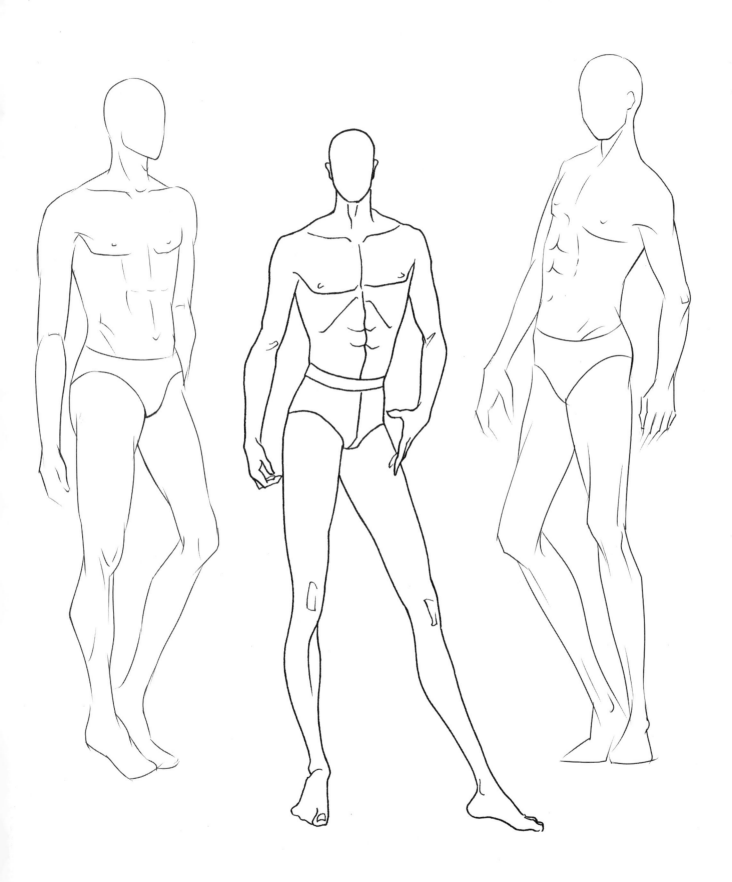

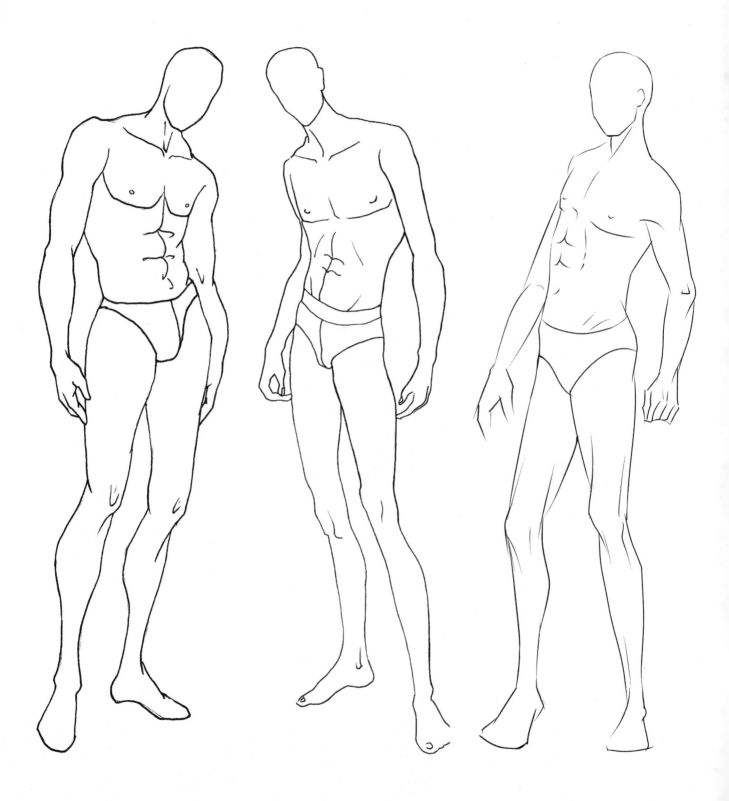

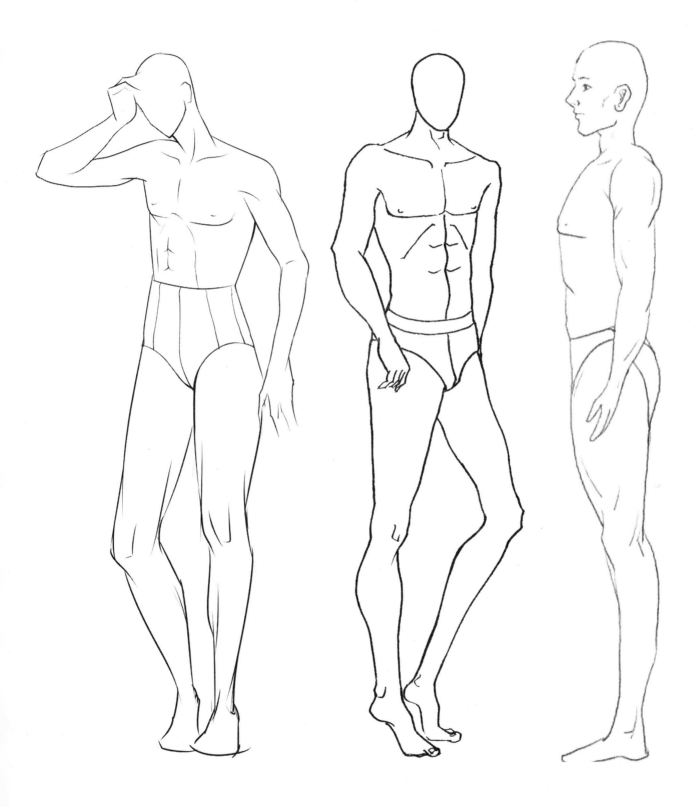

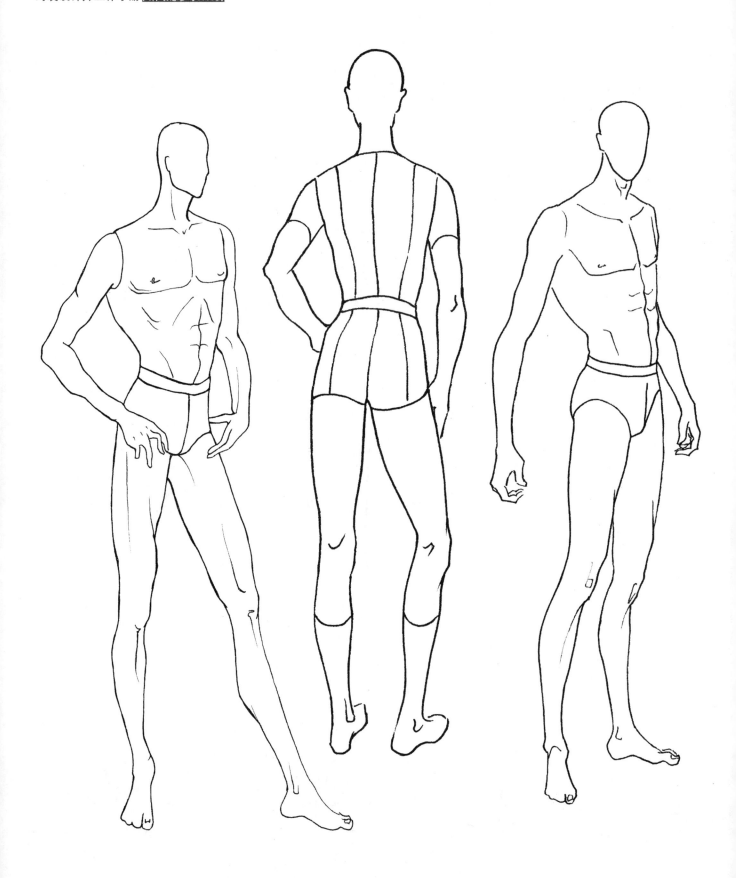

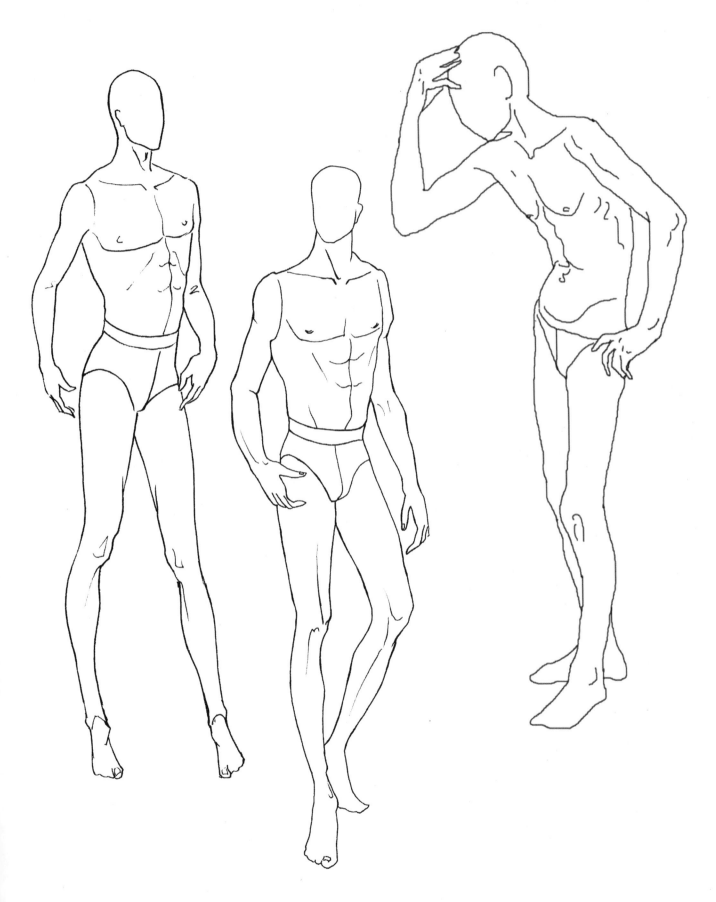

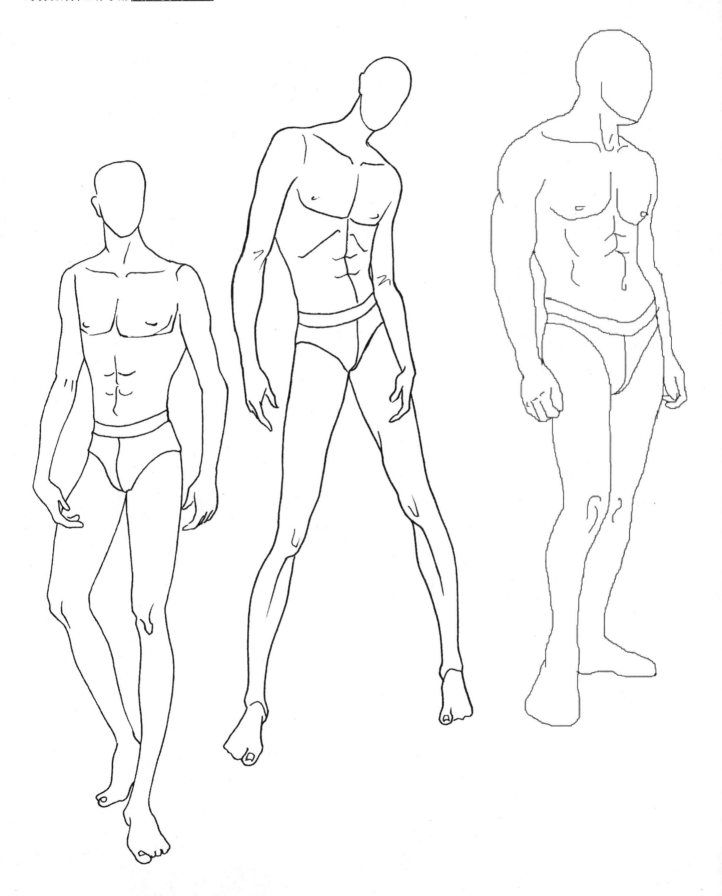

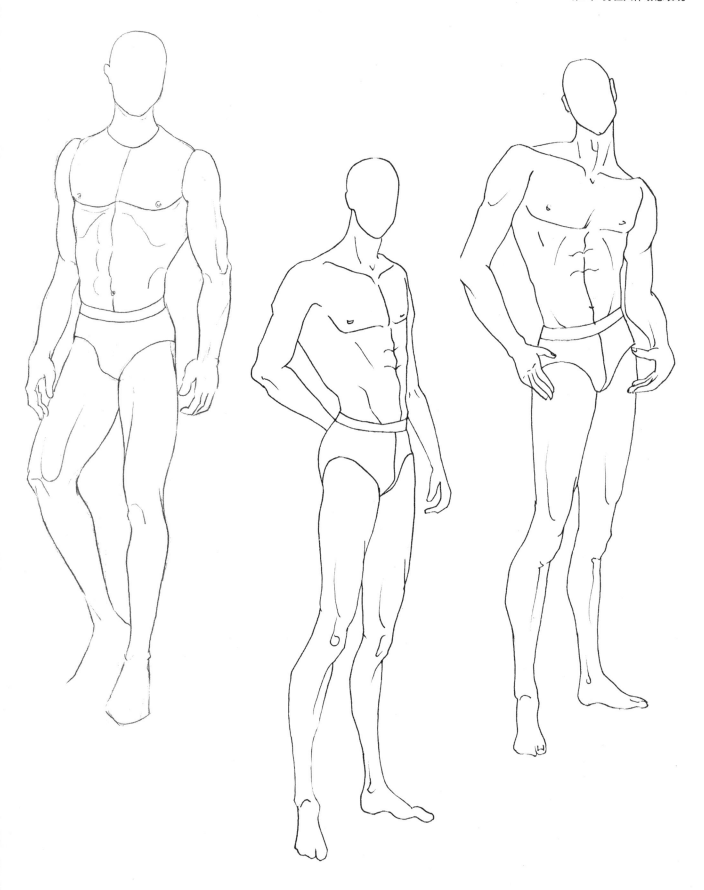

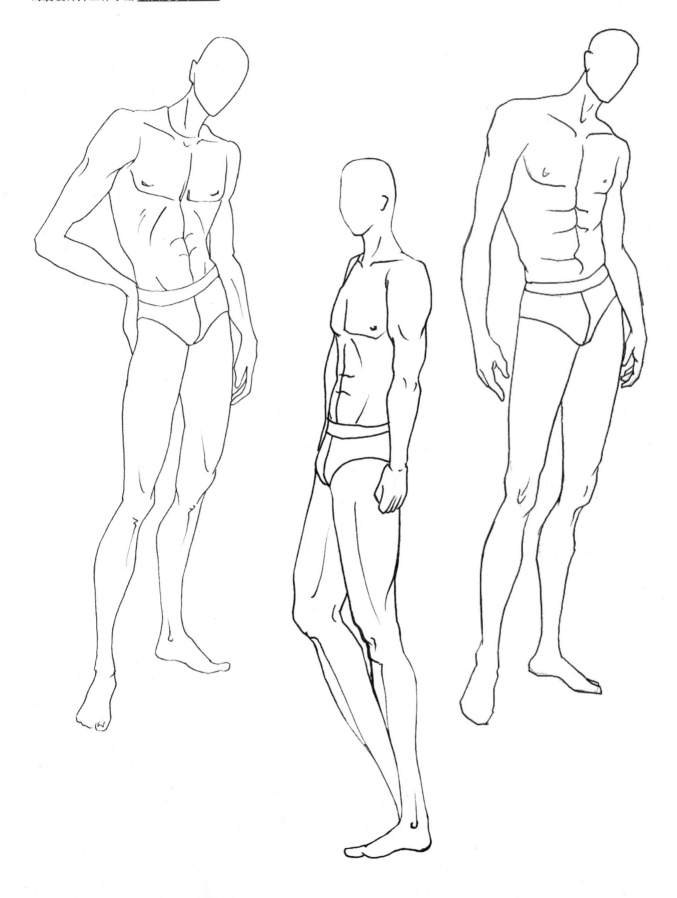

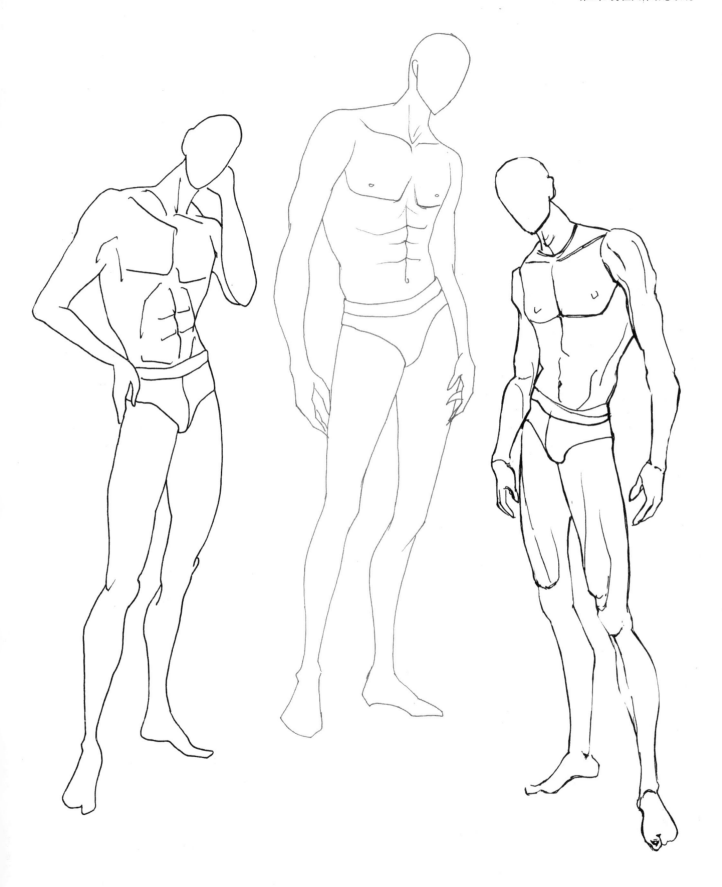

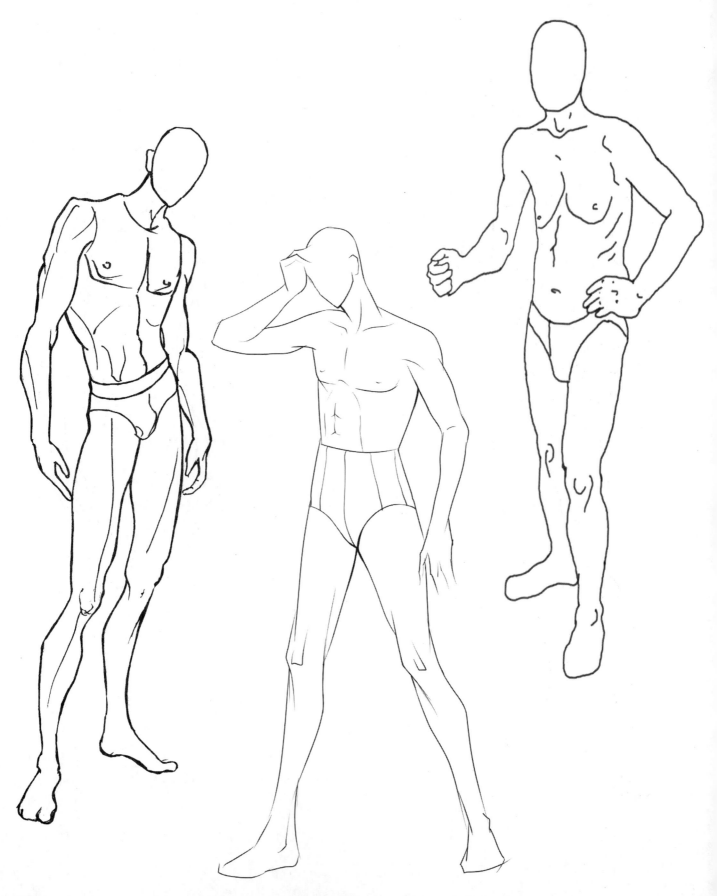

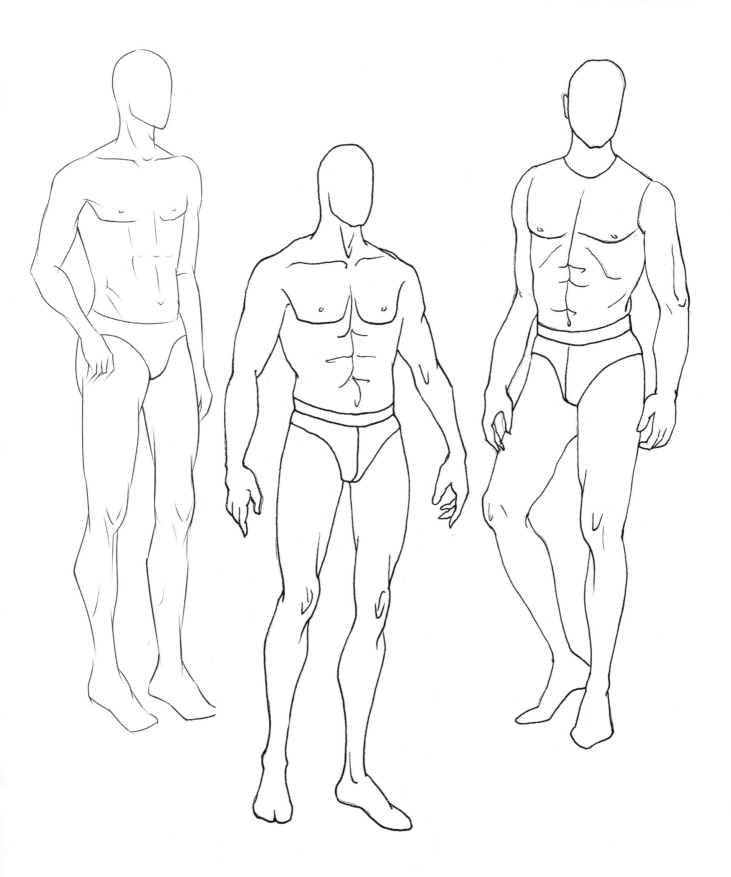

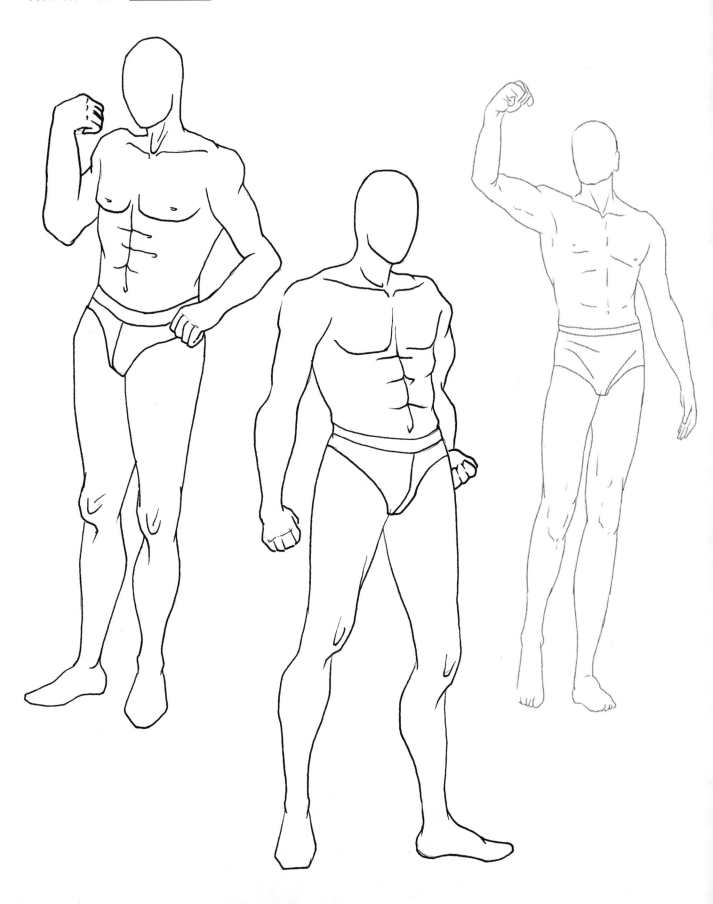

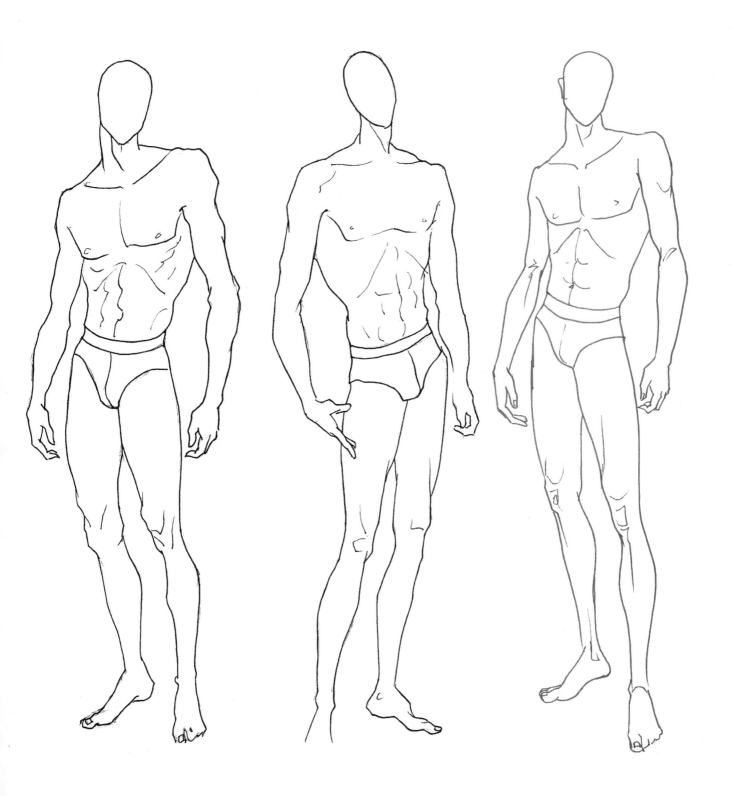

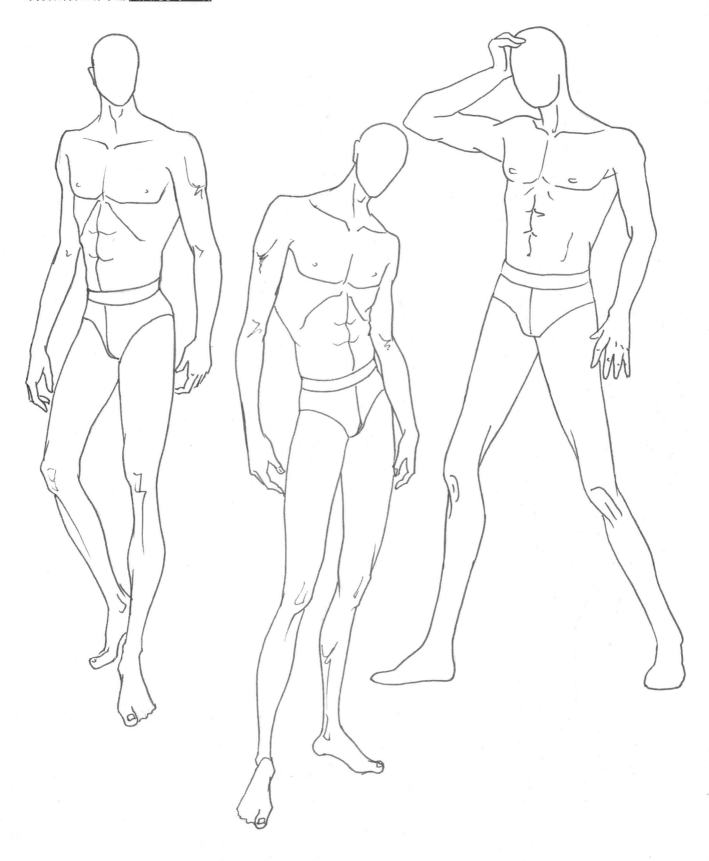

男性坐姿动态表现

　　坐姿一般都为5个头的高度。男性的坐姿与站姿的区别在于他们的重心不同。人体在坐着的时候影响重心的部位是头、肩、腰、臀，人体在站立的时候影响重心的部位是头、肩、腰、臀、腿部及重心脚。男坐姿因放松背部的肌肉组织，所以背阔肌一带的肌肉组织及臀部肌肉组织较为舒展。在绘制坐姿的时候应该注意各个结构之间的穿插关系，才能画好坐姿。

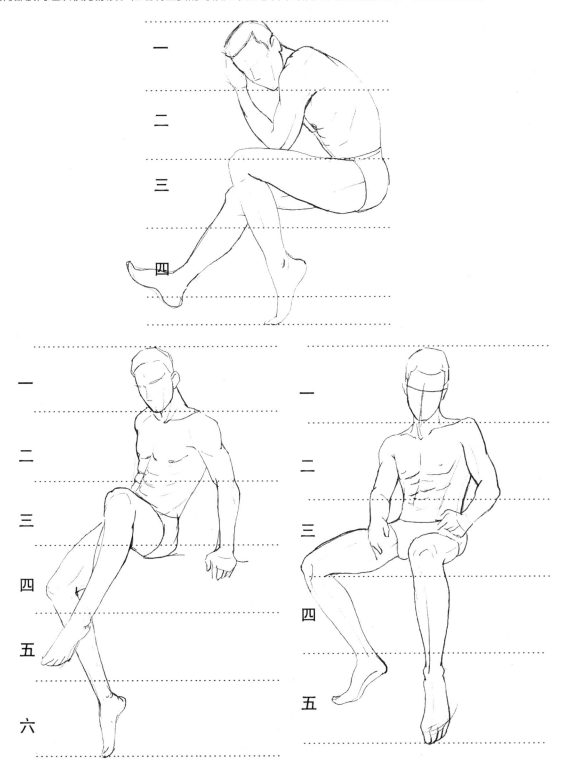

男性坐姿动态实例解析

01

02

03

01 勾画出侧面基本比例线。

02 参考比例线，大致勾画出基本的形体。

03 根据比例和基本的结构进行细化，填充肌肉。

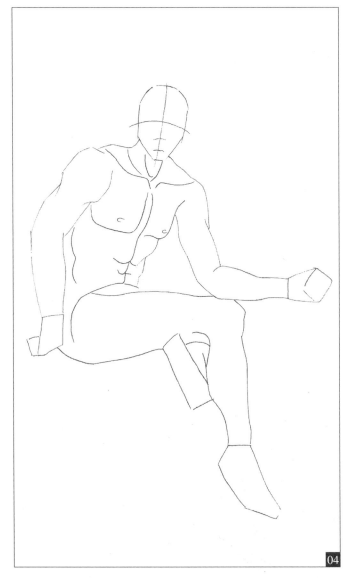

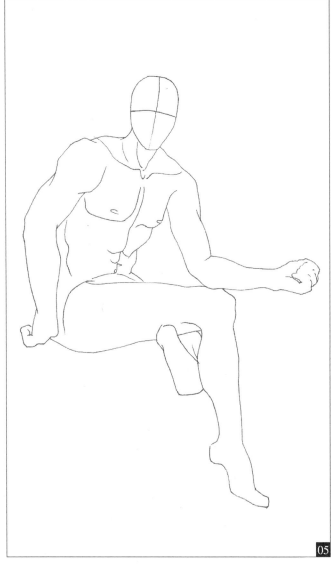

04 进一步细化人体结构。

05 检查并调整画面，完成坐姿人体动态表现。

男性坐姿动态绘制表现

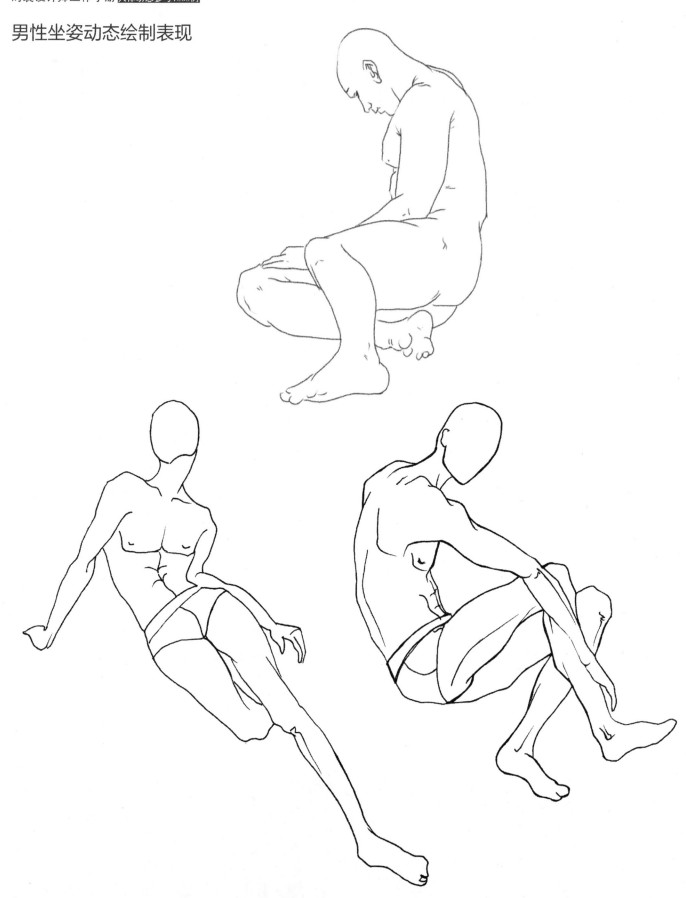

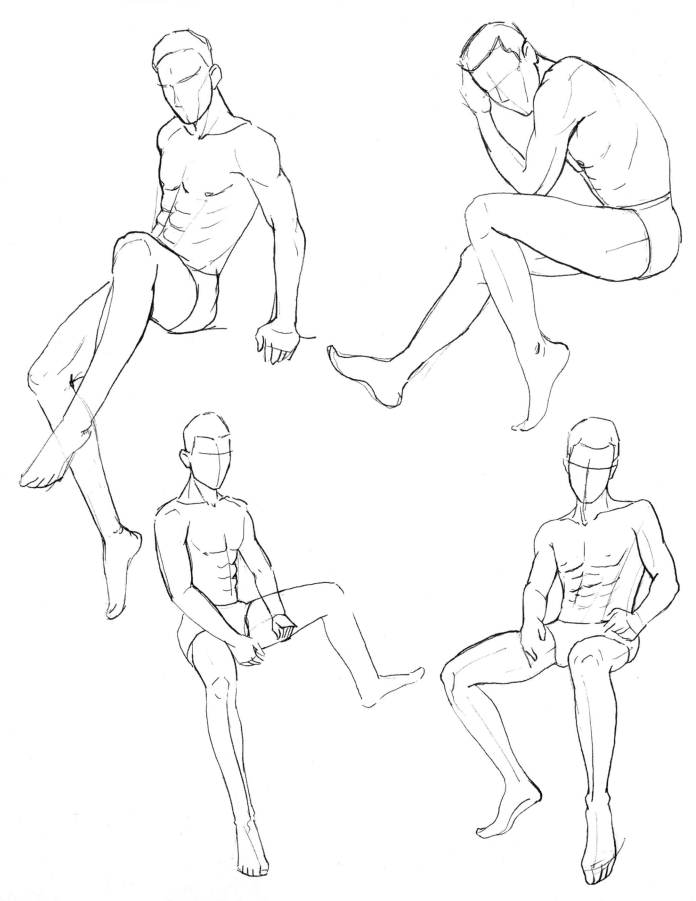

第4章

女性人体动态表现

　　女性人体肩宽为2个头宽，腰宽略小于1个头长，臀宽略大于2个头宽，正侧面脚长为1个头长。手臂自然下垂时，肘关节位与腰部平齐，腕关节位与胯部平齐，手部中指与大腿中部平齐。

　　女性人体的基本特征是骨架、骨节比男性小。女性体型苗条，肌肉不太显著，颈部细、外轮廓线呈圆润柔顺的弧线，头发、胸部和盆骨是女性的明显特征，手和脚较小。整体是按9头比例处理的，可以拉伸腿部长度，使动态效果更生动。

女性正面站姿动态表现

　　女性正面站姿动态中手臂自然下垂时，肘部与腰部平齐，手部中指与大腿中部平齐。肩宽为两个头宽，为了表现出女性柔美的特点，腰部可以为0.8个头宽。在绘制时先定出头、脚的位置，找出人体大的比例关系，再从颈窝引垂直线到脚，找出重心线，注意画出肩、骨盆和膝盖的倾斜关系，同时注意肩、胸、腰和骨盆的宽度，之后进行细致刻画。

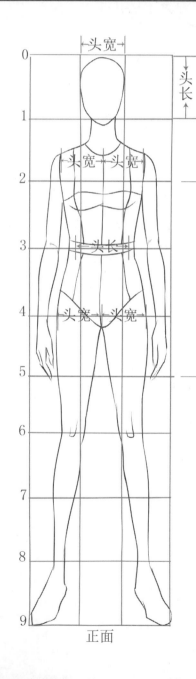

正面

第2个头长处为胸线，第3个头长处为腰线，第4个头长处为胯部线，肩宽线到胸底线为0.8个头长，胯部线宽为2个头宽。

第5个头长处为大腿中部，第6个头长处为膝关节，第7个头长处为小腿中部，第8个头长处为踝关节，第9个头长处为脚部。

女性正面站姿动态实例解析

 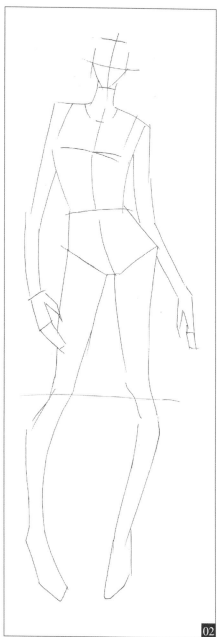 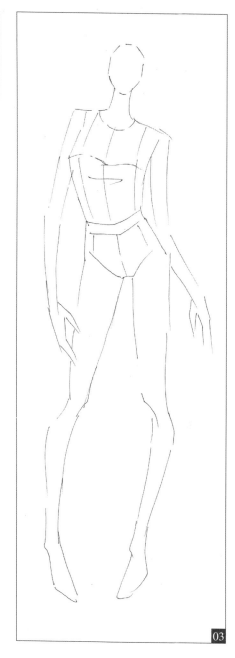

01 先勾画出基本比例线。

02 根据参考比例刻画局部，体现出女性的特征。

03 进一步明确结构关系，加强线条的刻画，以及细节表现。

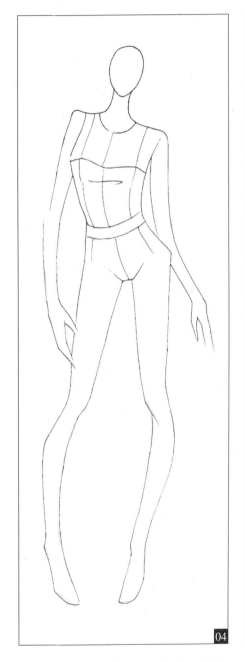

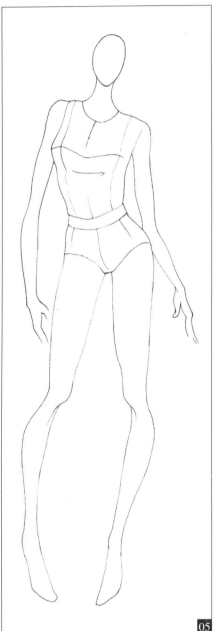

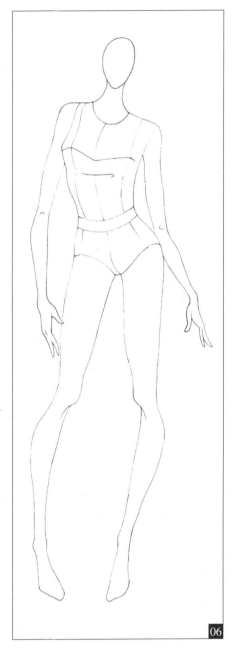

04　明确各部位的结构关系，并填充肌肉。

05　继续完善细节处理。

06　检查画面，完成女性正面站姿。

女性正面站姿动态绘制表现

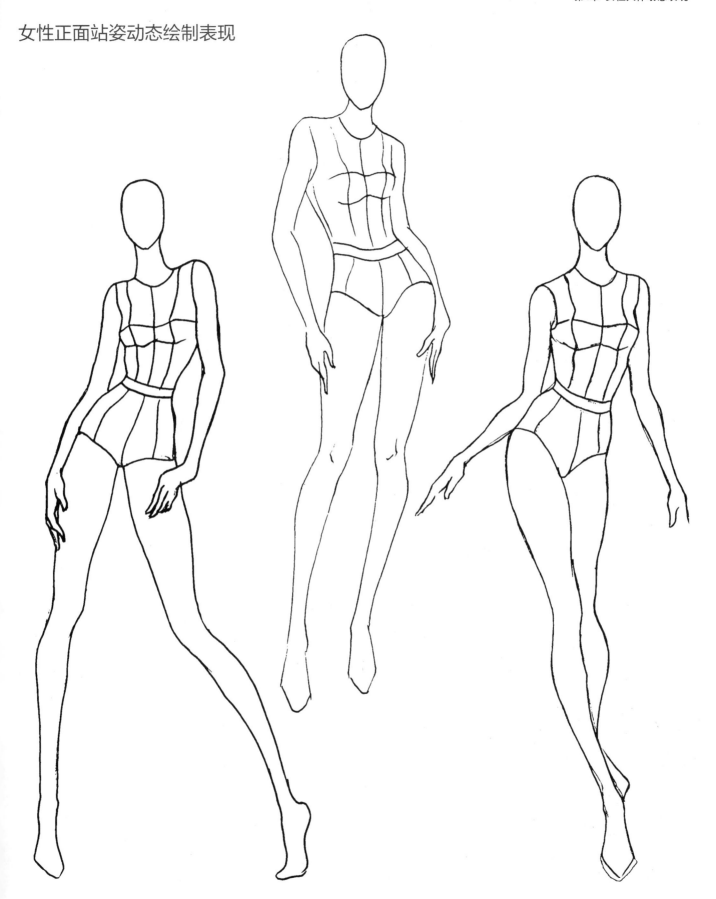

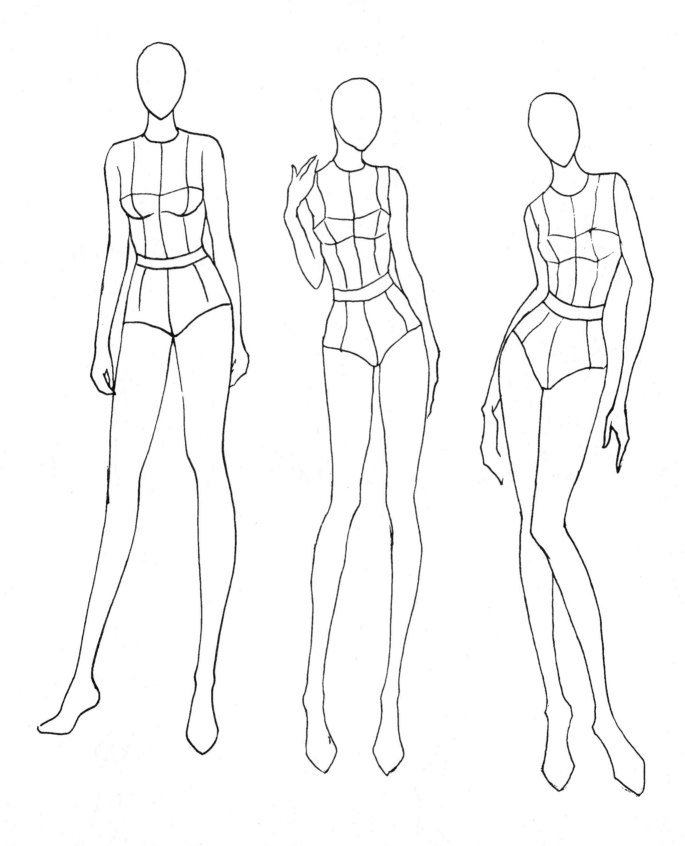

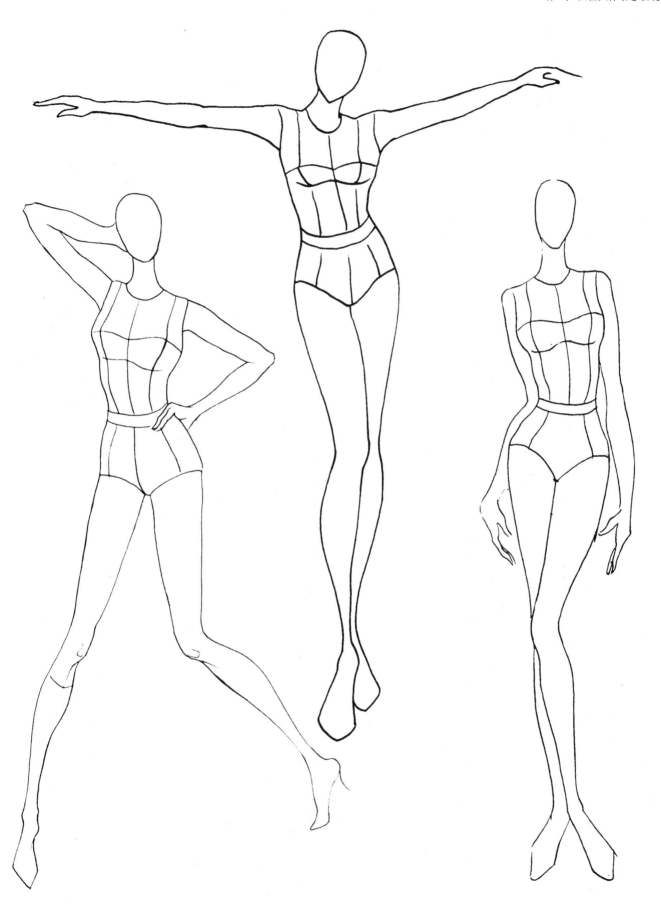

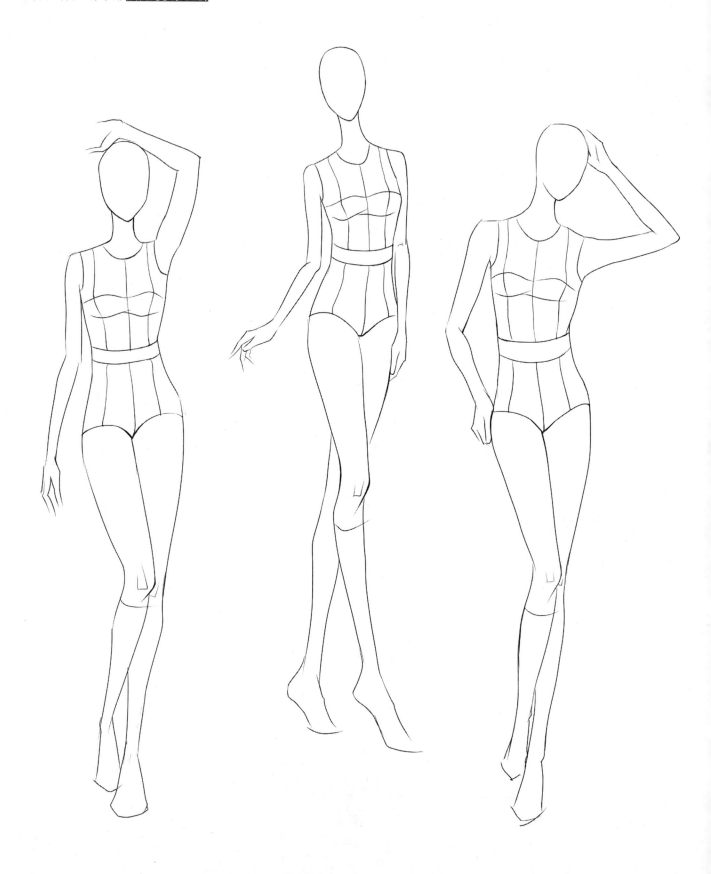

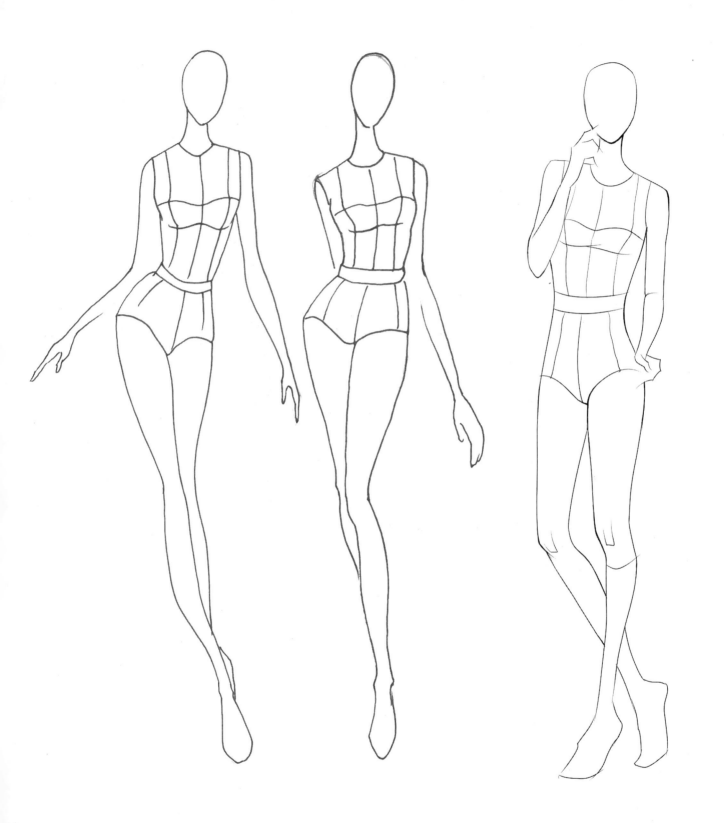

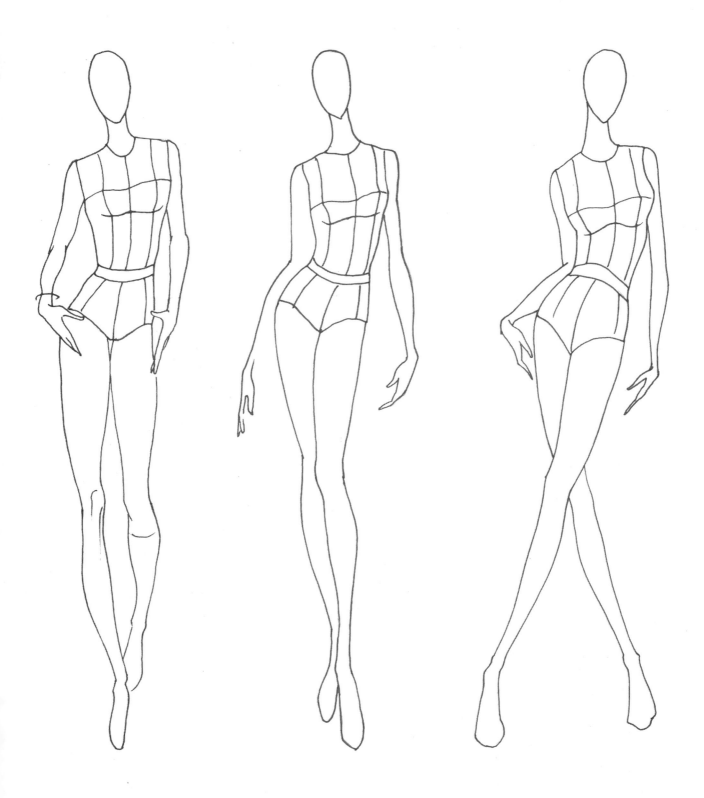

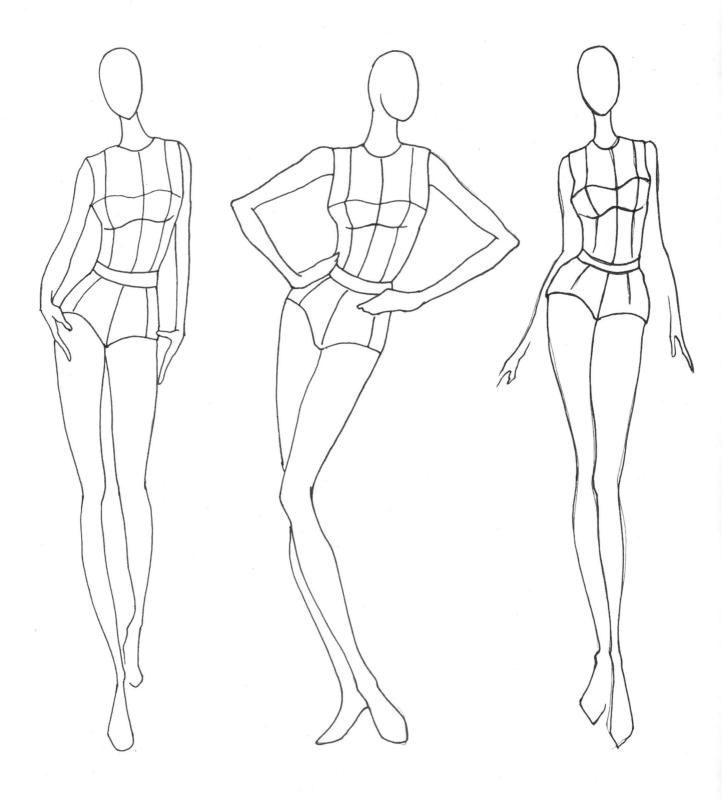

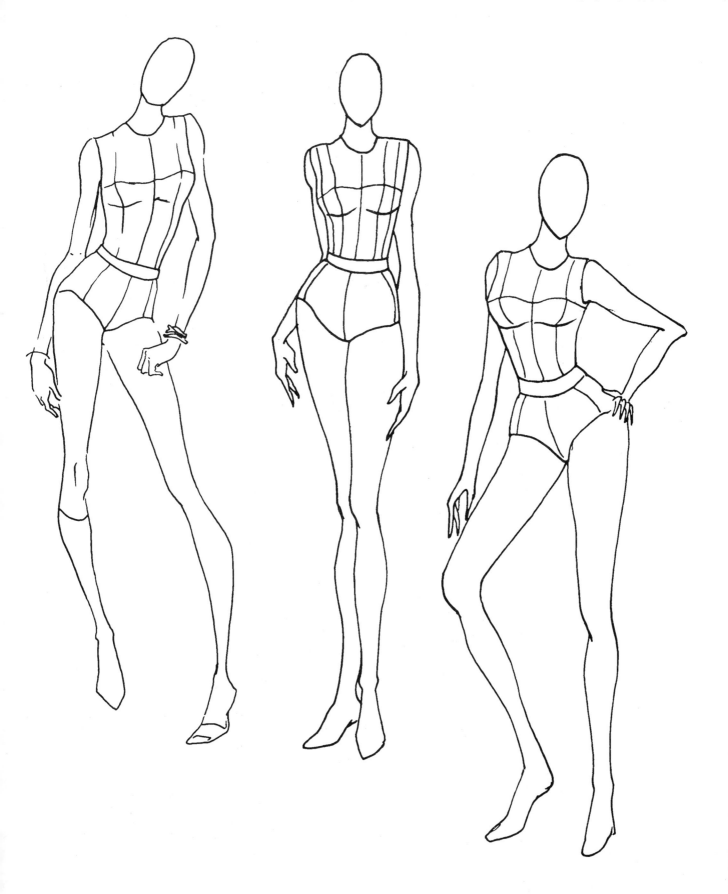

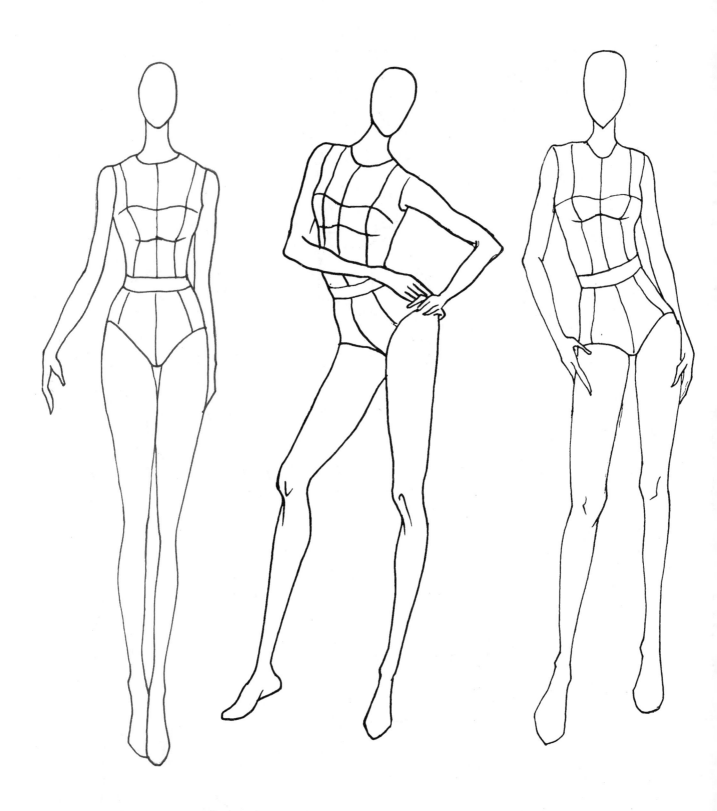

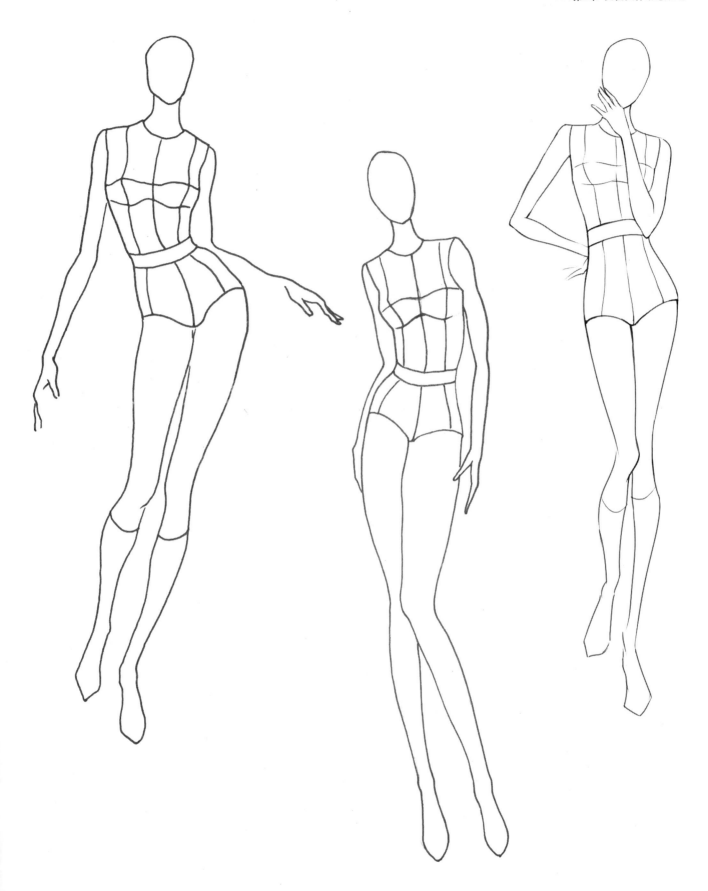

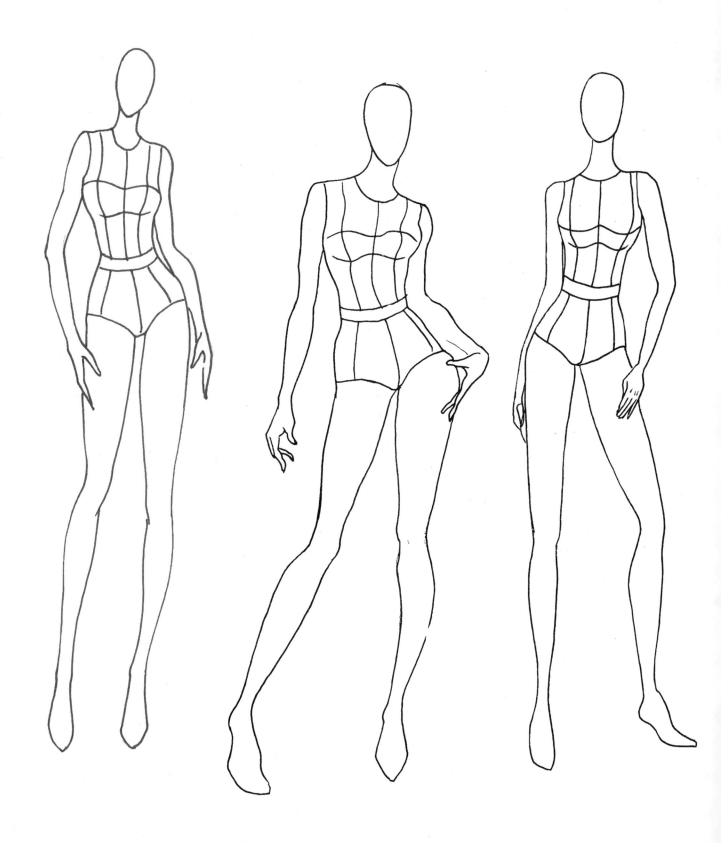

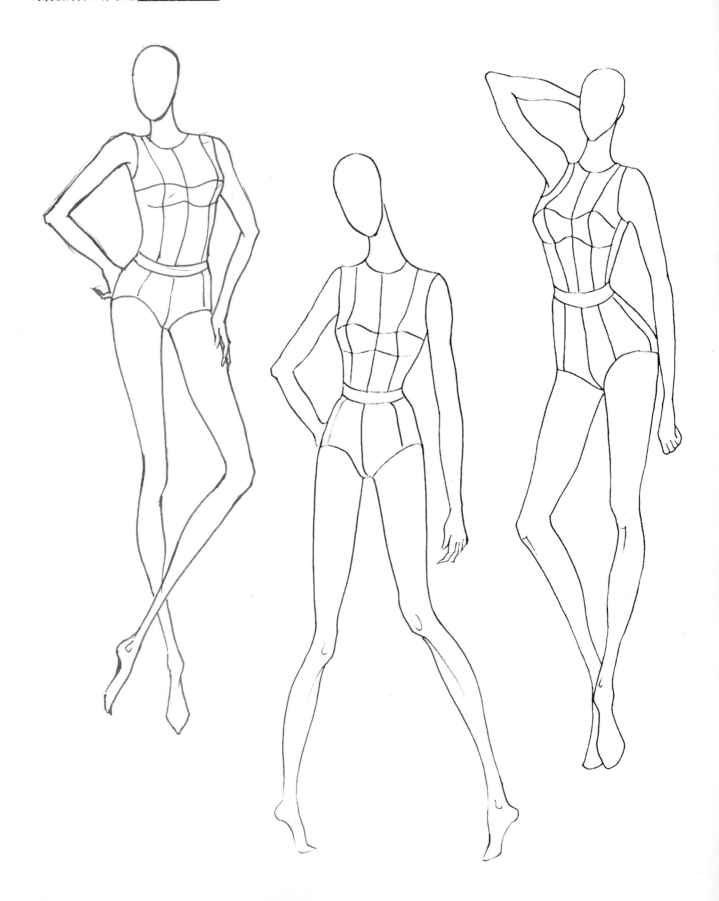

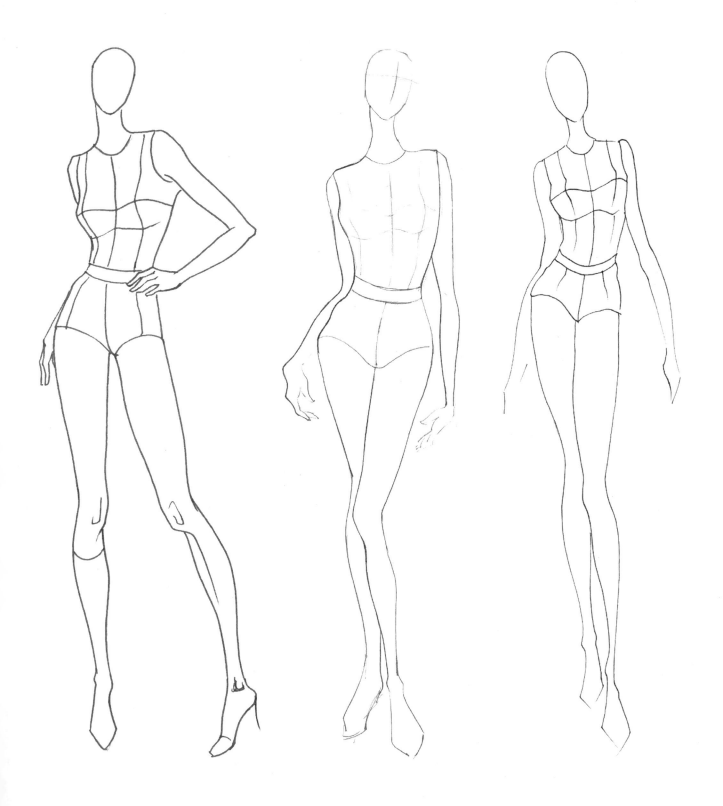

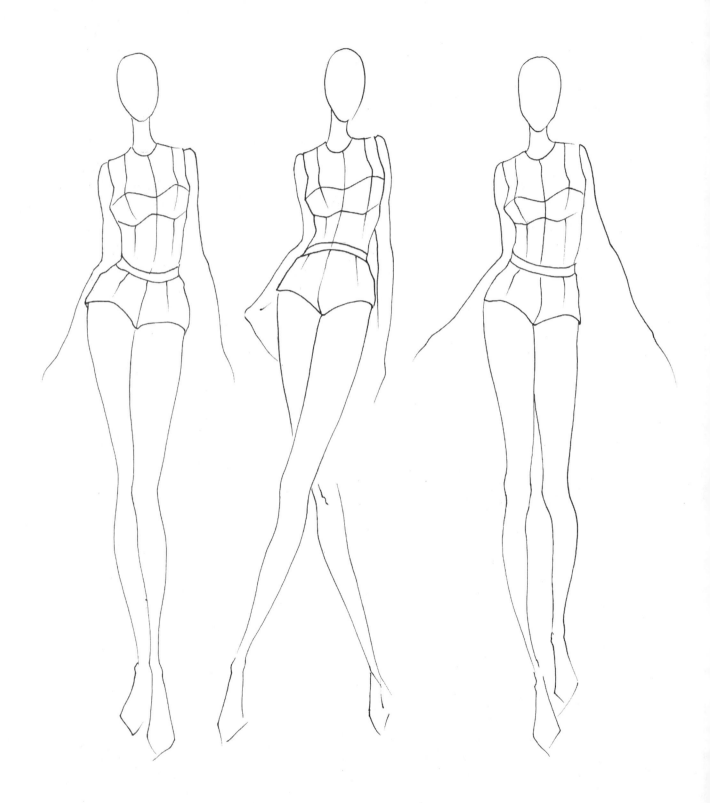

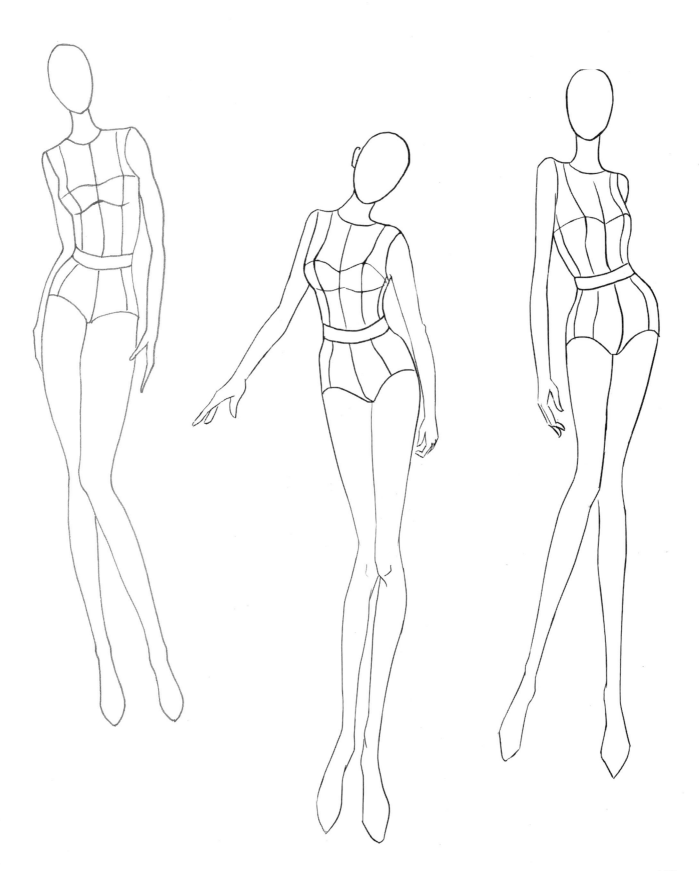

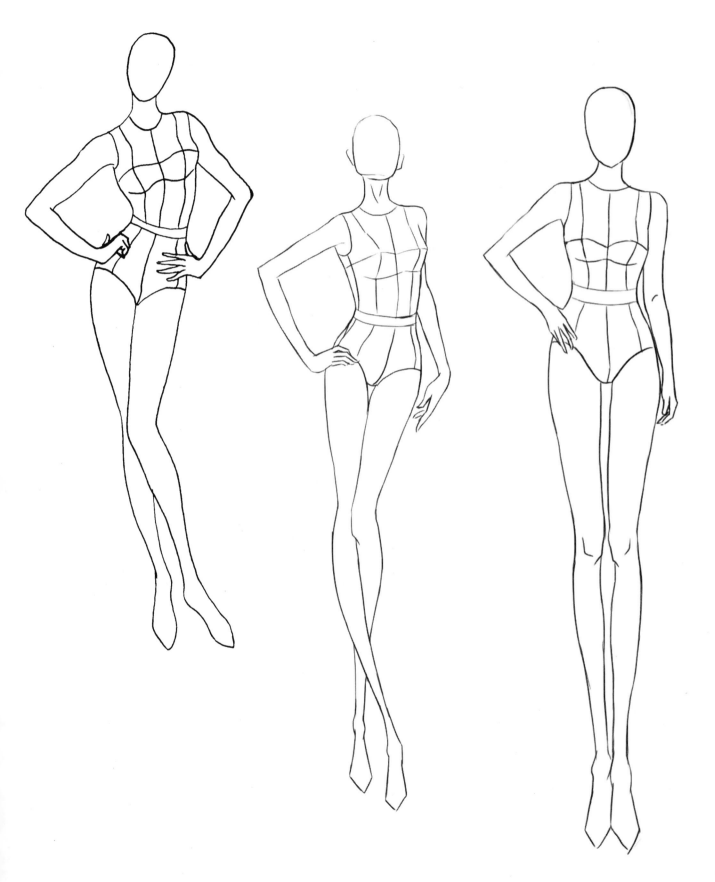

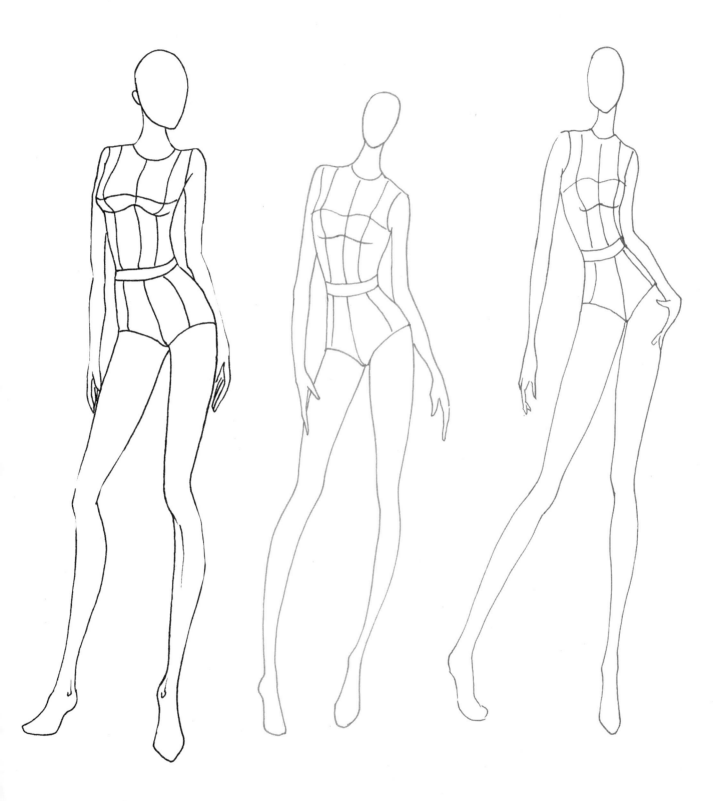

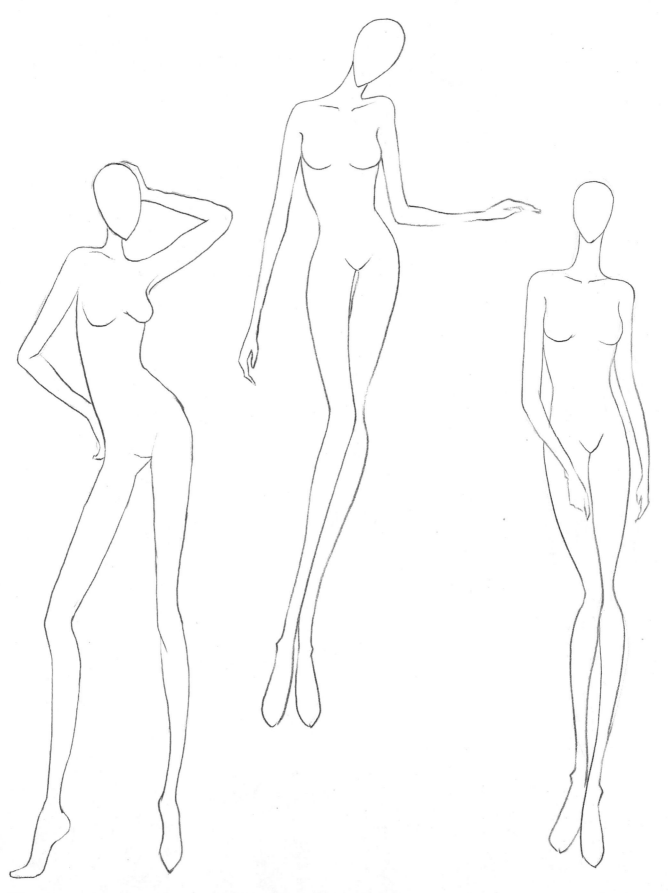

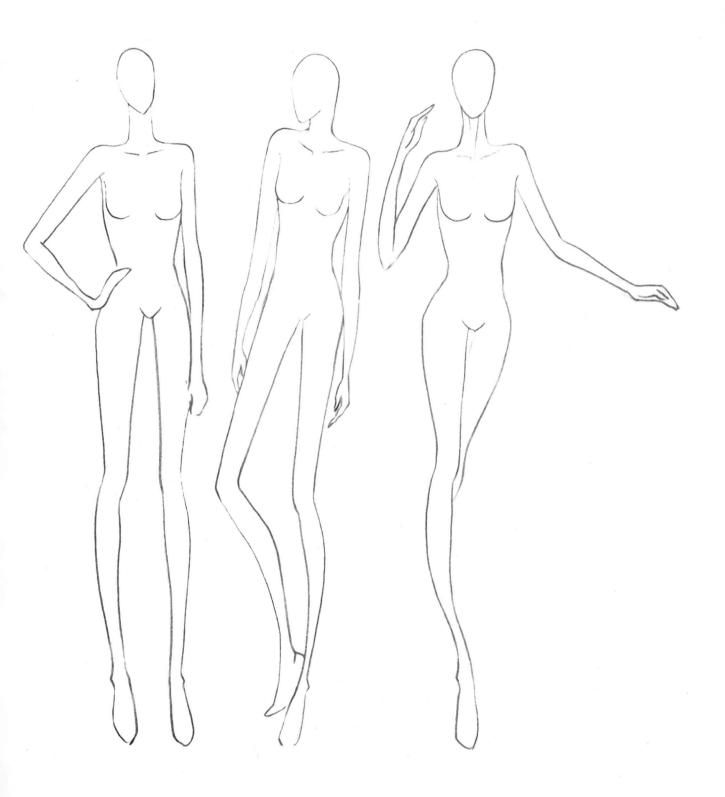

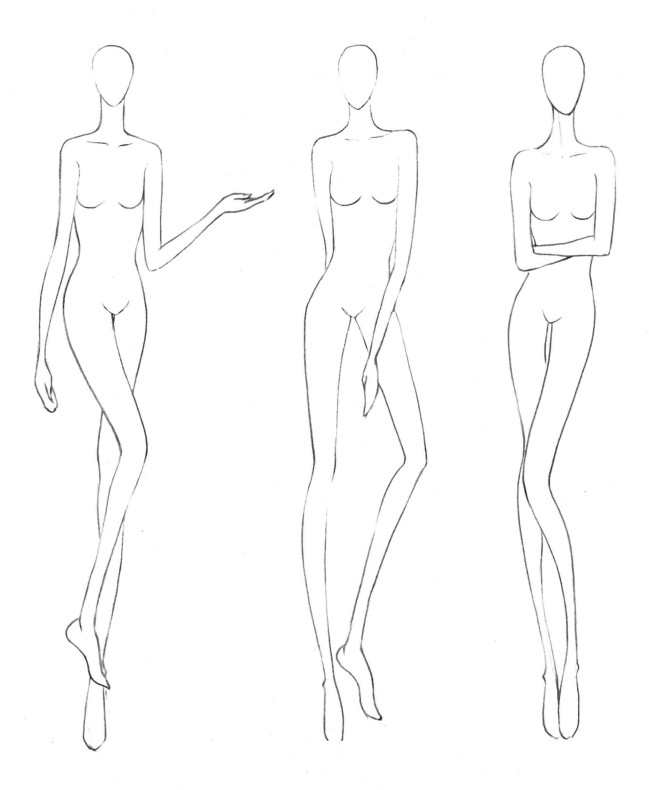

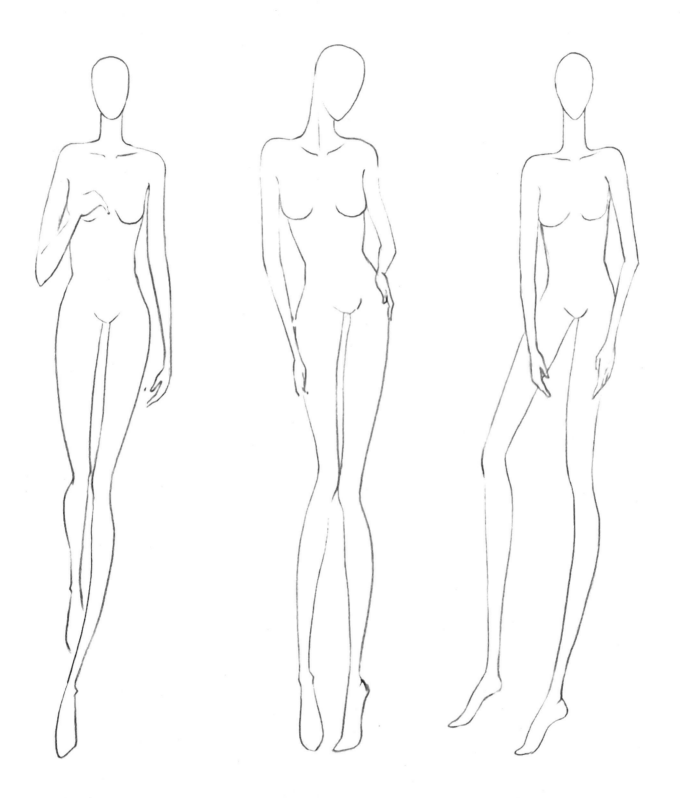

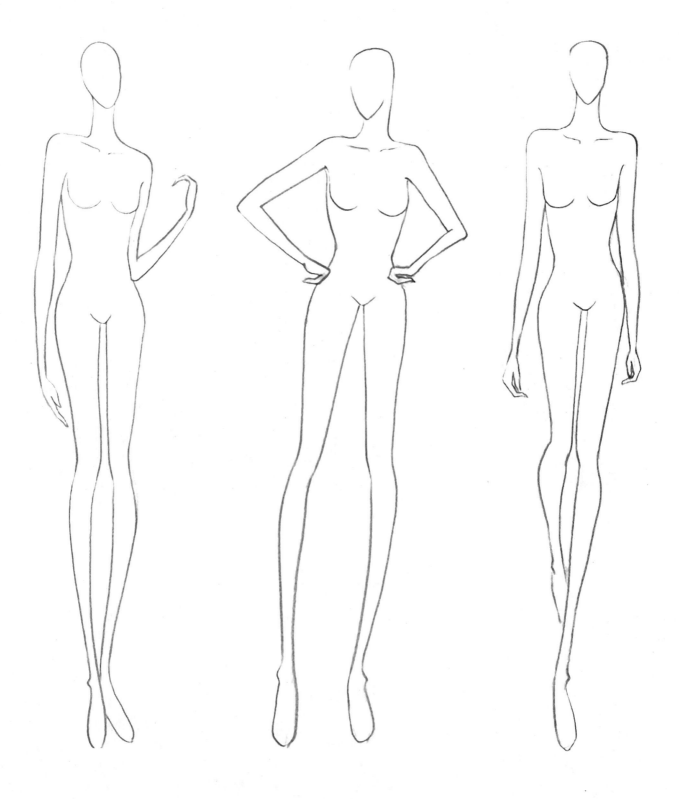

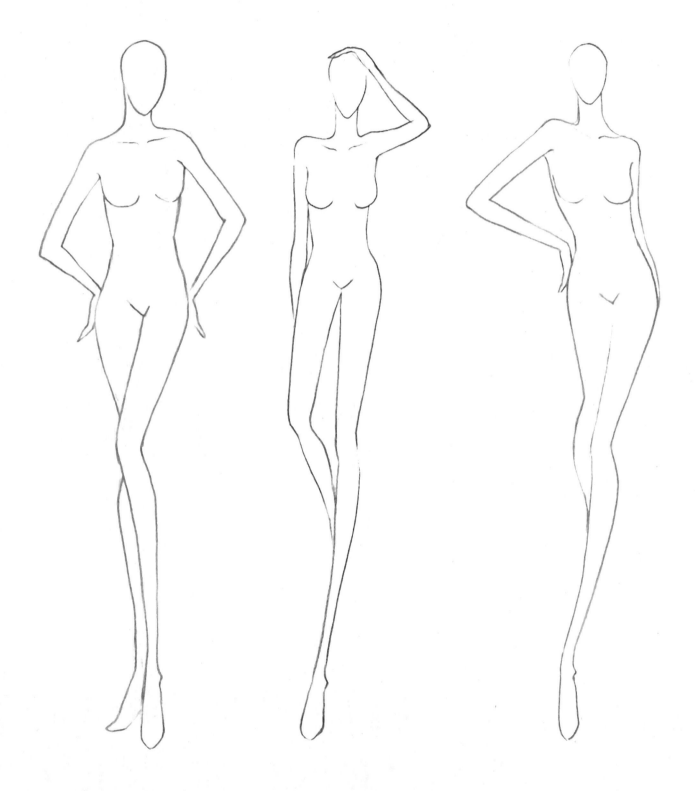

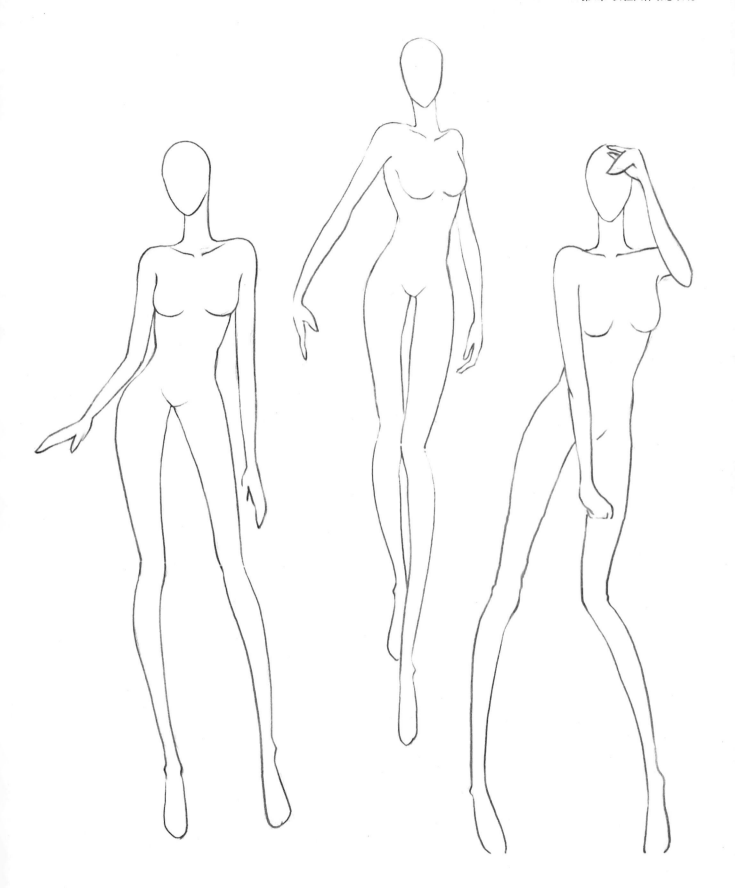

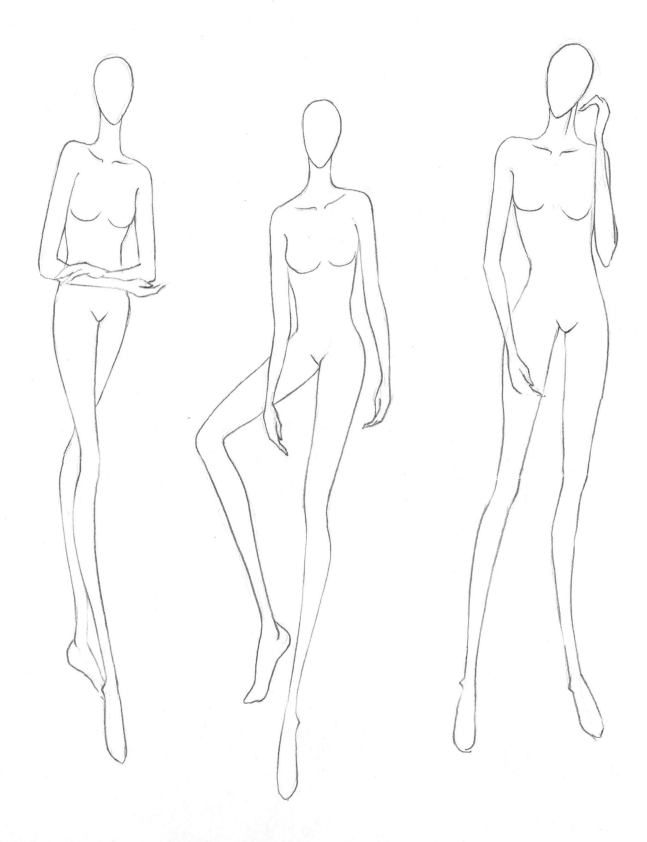

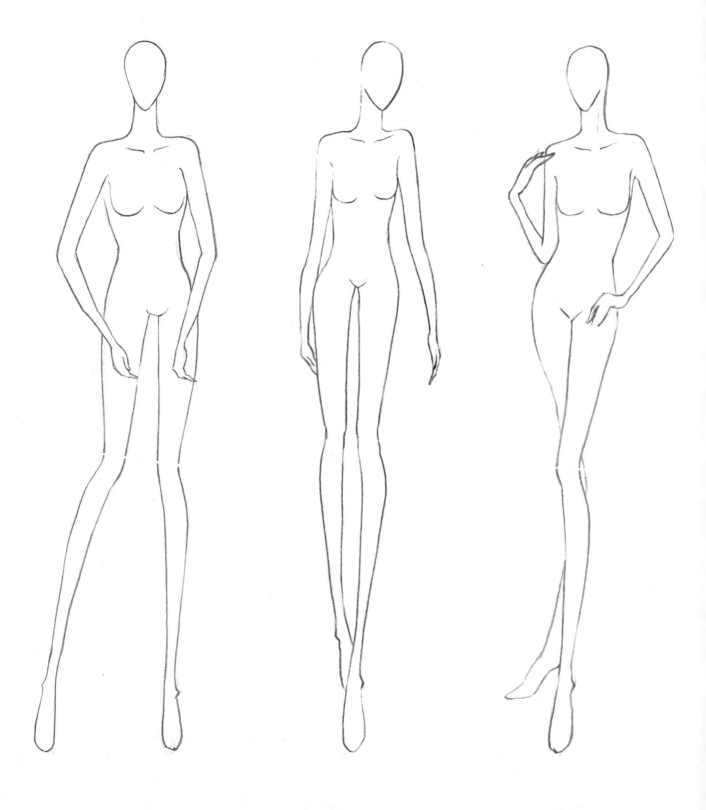

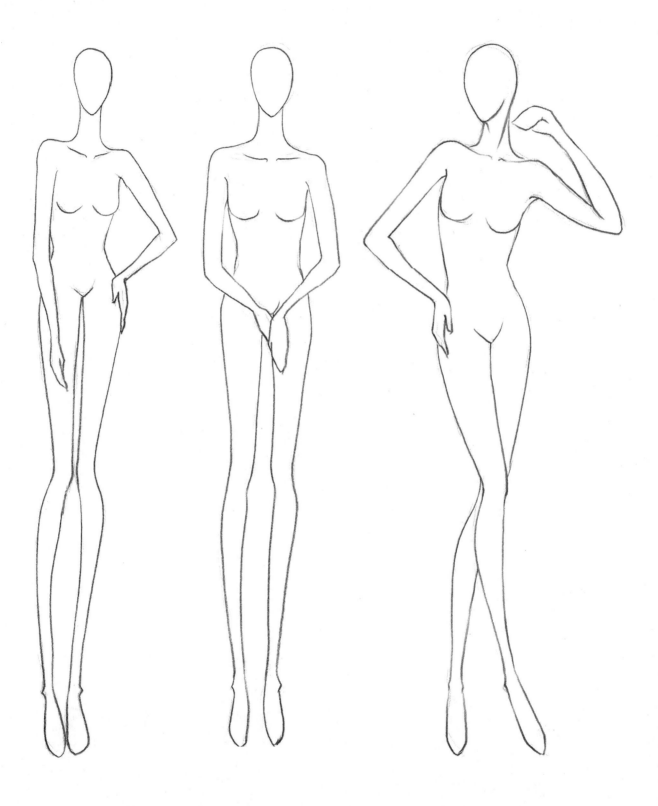

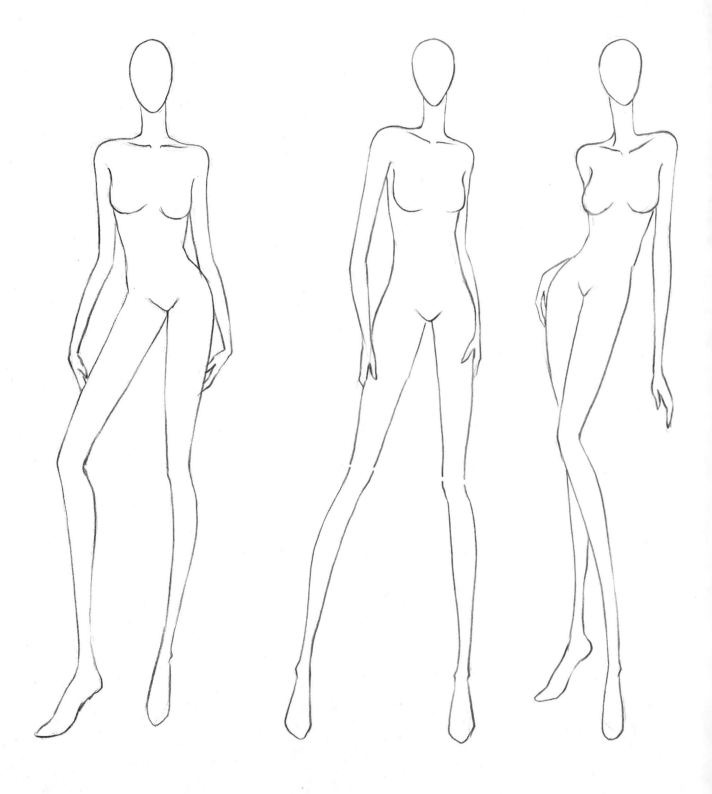

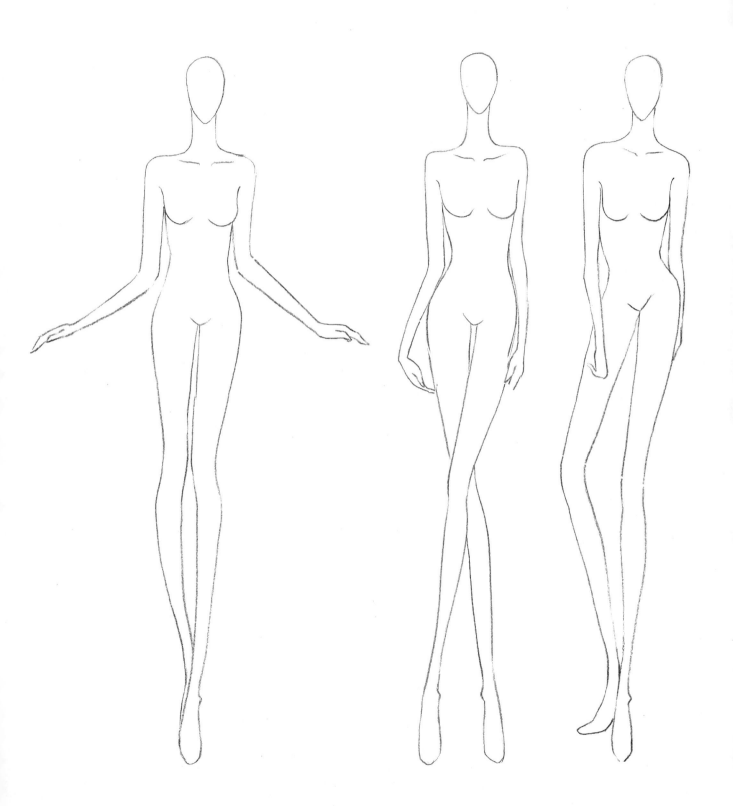

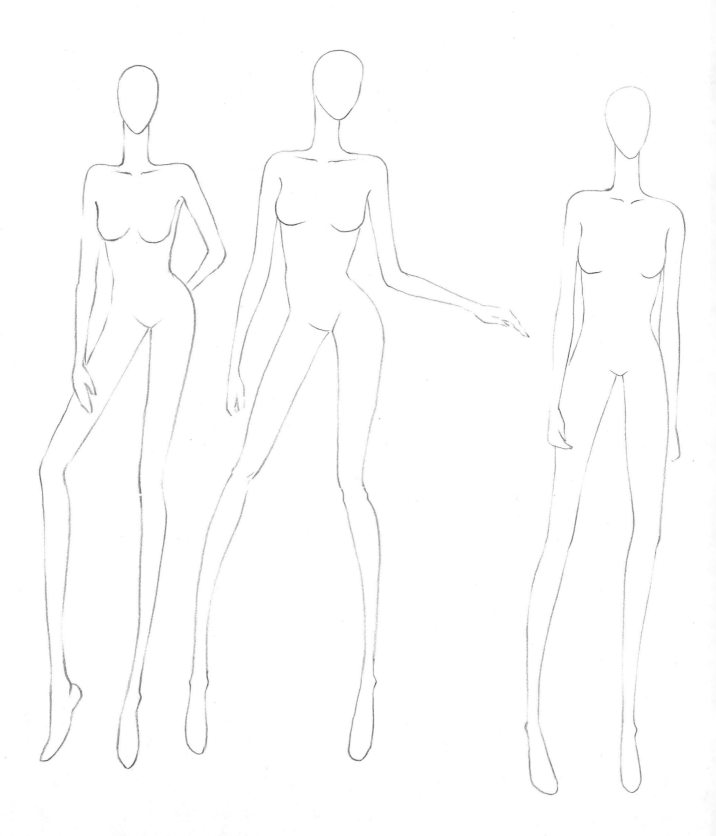

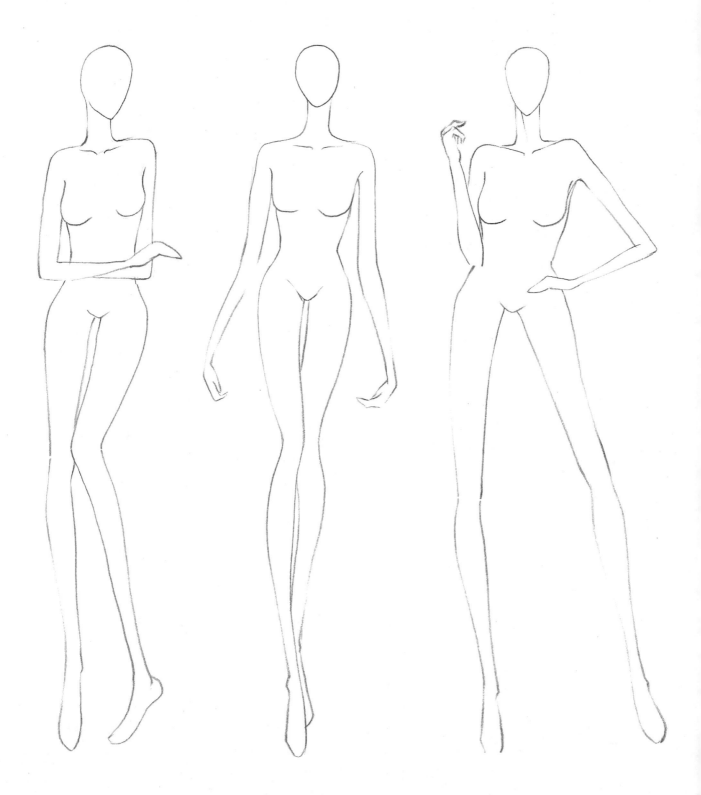

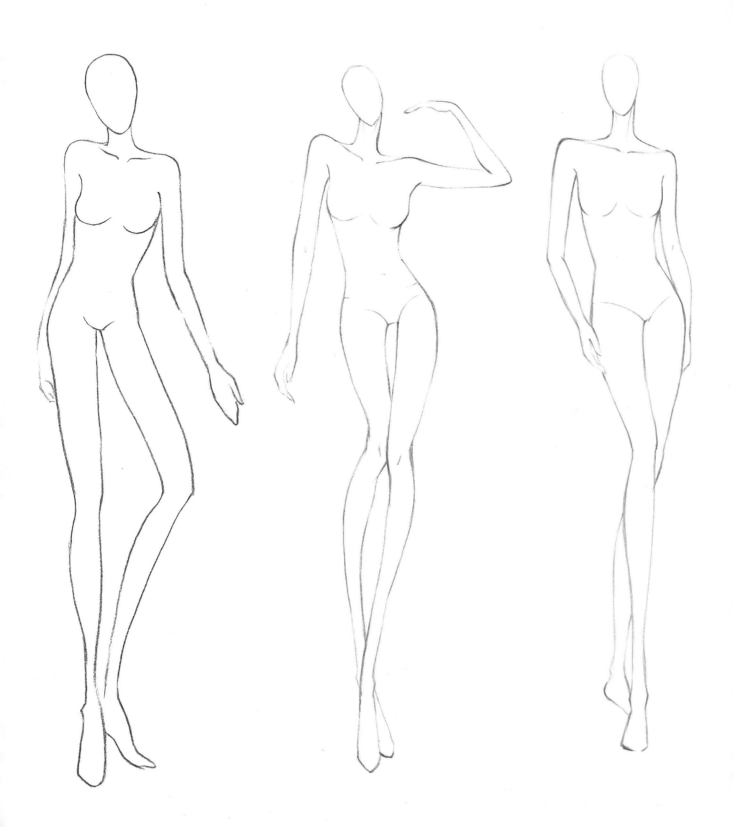

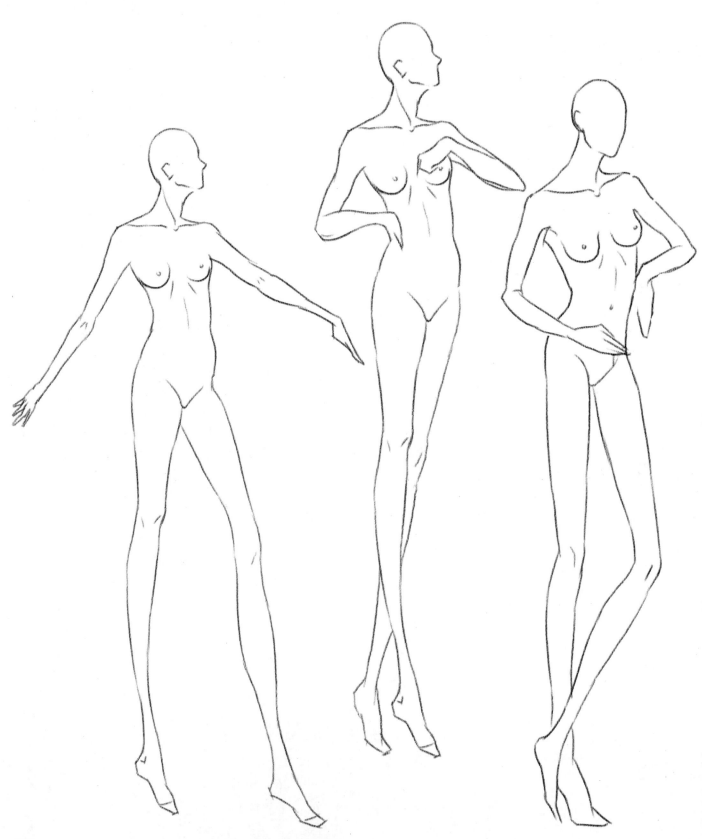

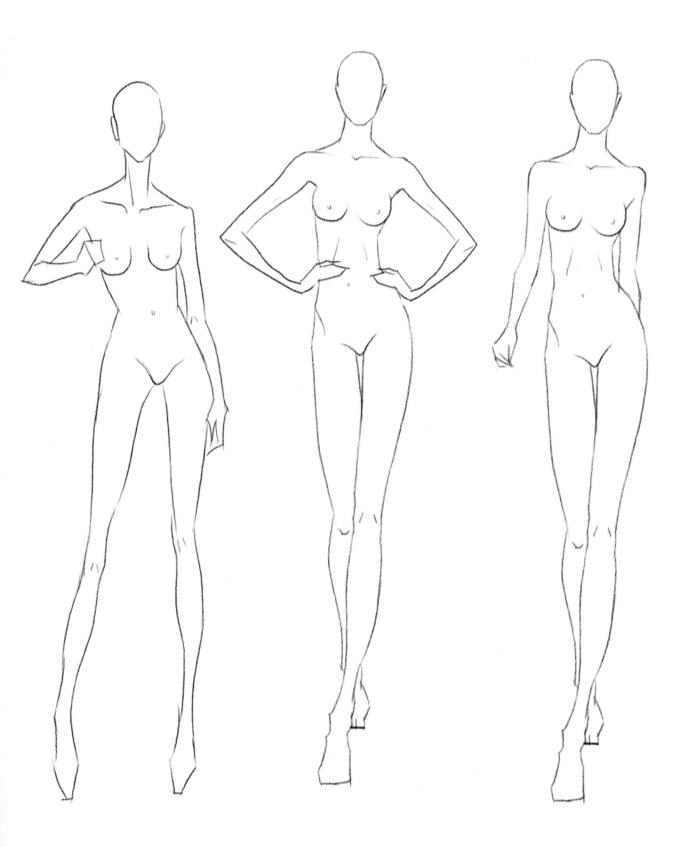

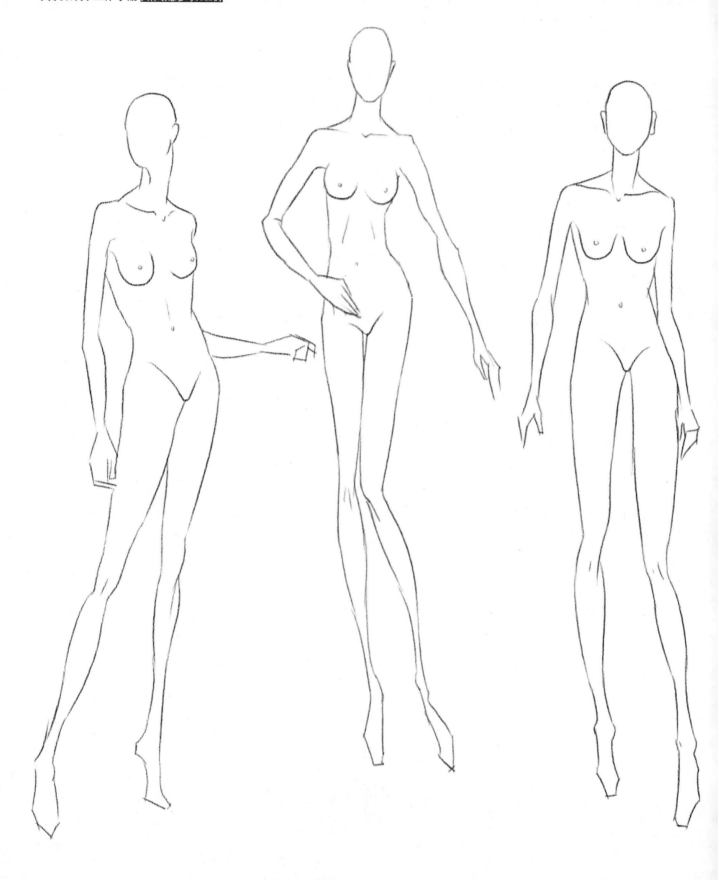

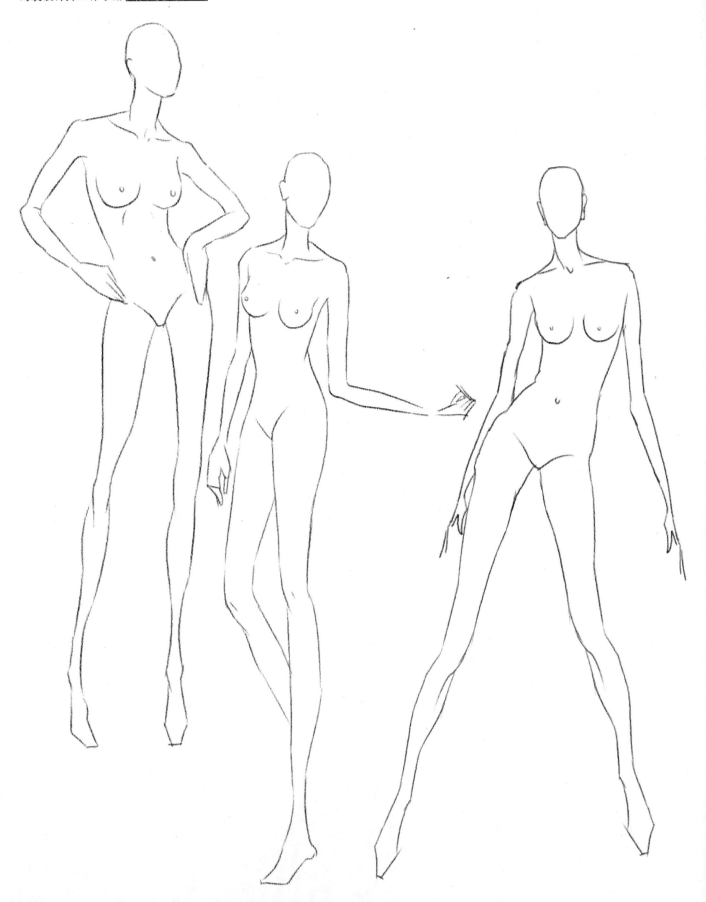

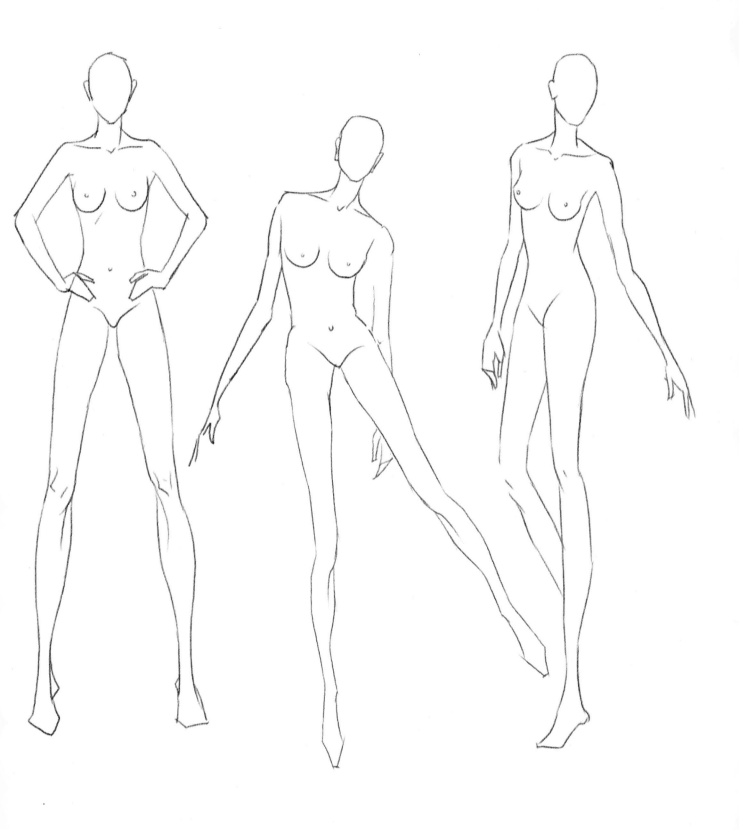

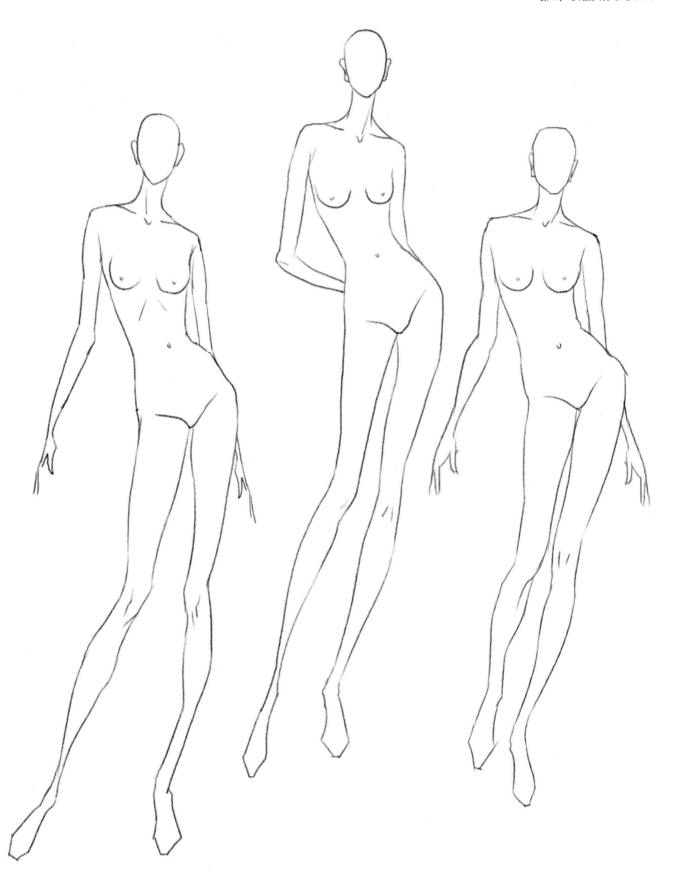

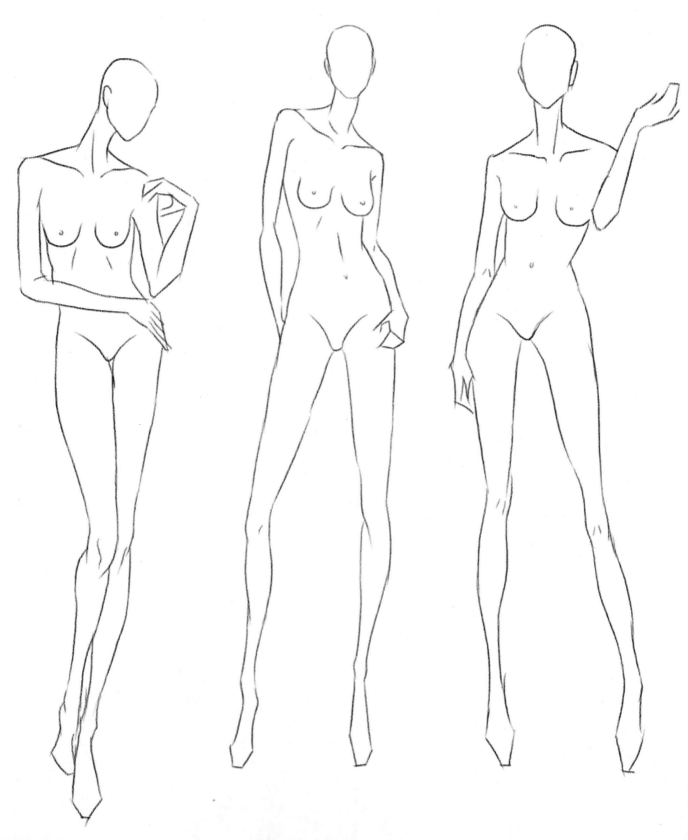

女性侧面站姿动态表现

　　女性侧面动态和男性侧面动态一样主要包括3/4侧面和正侧面两种。当处于3/4侧面时，由于透视变化，使得肩宽略小于2个头宽，肩宽线发生倾斜时，胯部线会与之反向倾斜；当处于正侧面时，由于动态变化，使得肩宽为1个头宽。在绘制女性侧面动态时首先确定头和脚的位置，之后划分头、颈、胸、躯干和四肢的比例关系，最重要的是注意头、颈、胸和腿的动势线，侧面人体中间的动势线是表现侧面人体动态关系的重点。之后整理外轮廓线，完成后的动态要注意画面的流畅感和动态美感。

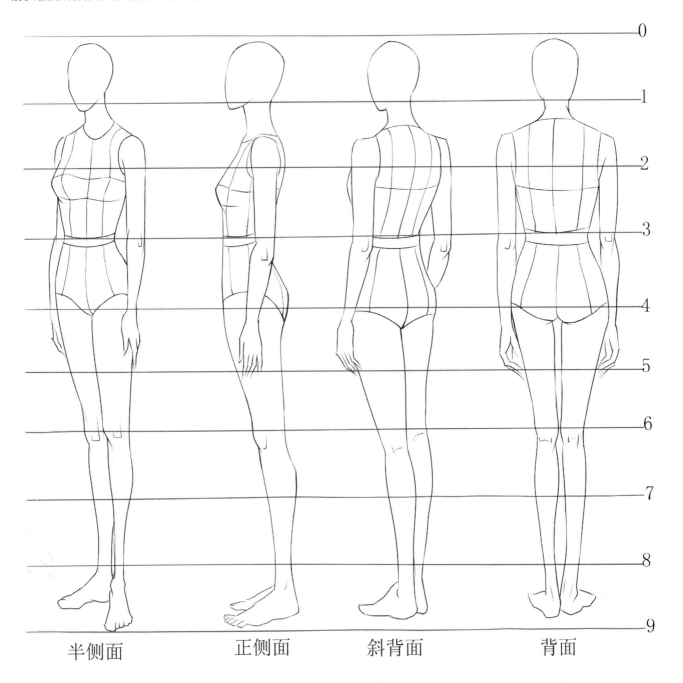

半侧面　　　　　　正侧面　　　　　　斜背面　　　　　　背面

女性侧面站姿动态实例解析

01 先勾画出侧面人体基本比例线。

02 通过线条连接目标点的方式填充人体。

03 进一步明确结构关系，添加辅助线及填充肌肉。

04 进一步刻画细节，注意各部位的结构表现和相互之间的关系。

05 继续完善细节处理，线条要流畅，轮廓要完整，完成侧面人体动态图的绘制。

女性侧面站姿动态绘制表现

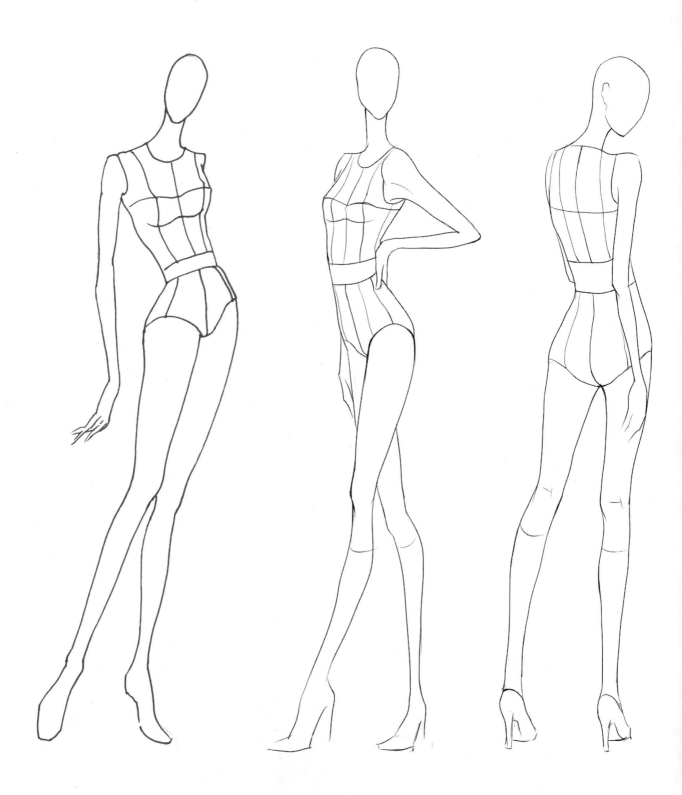

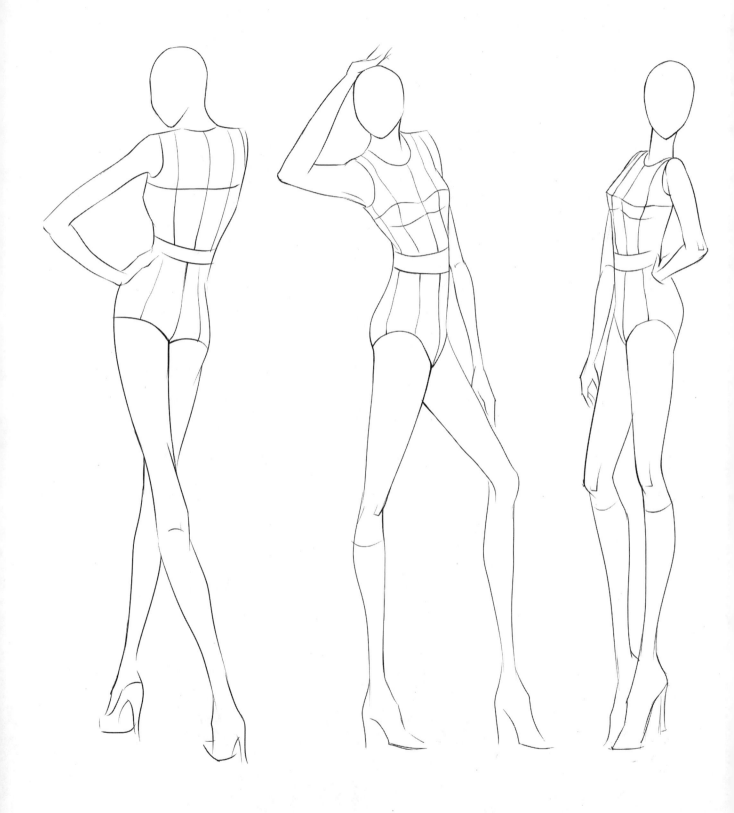

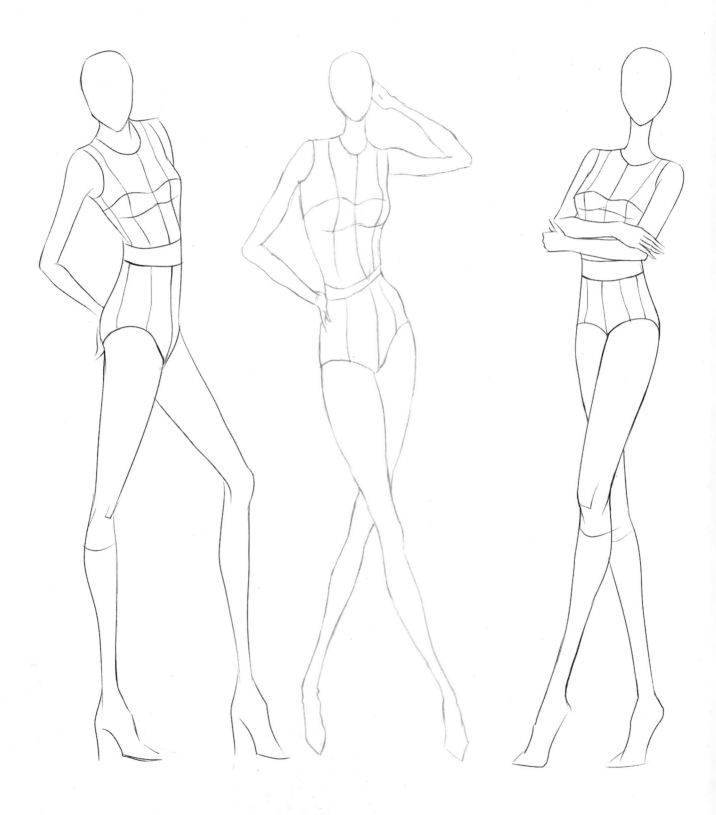

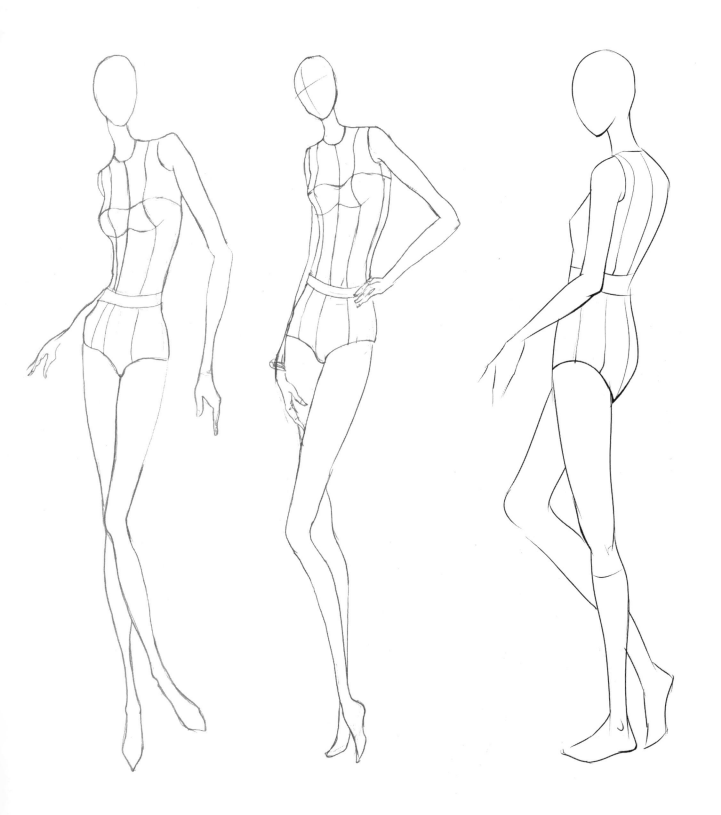

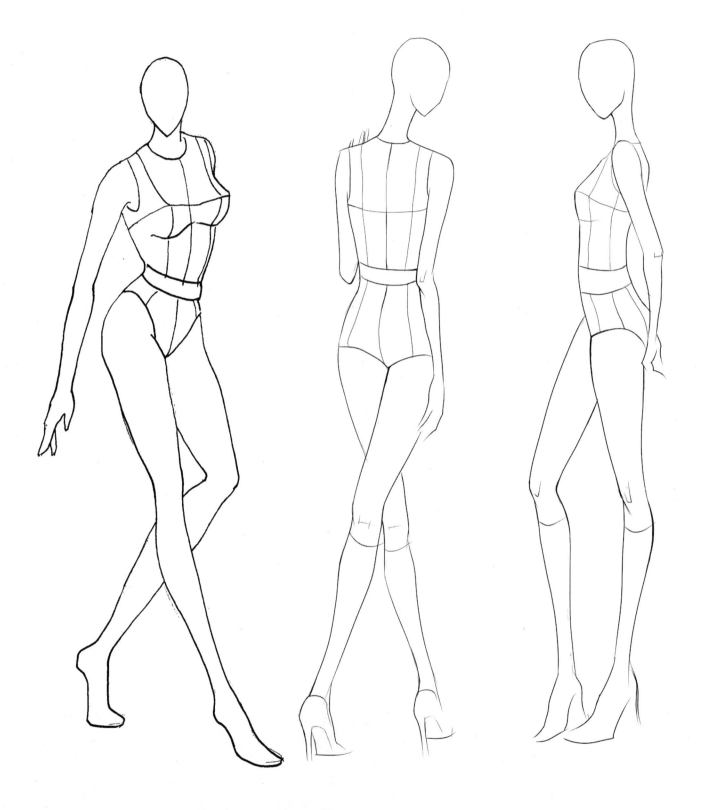

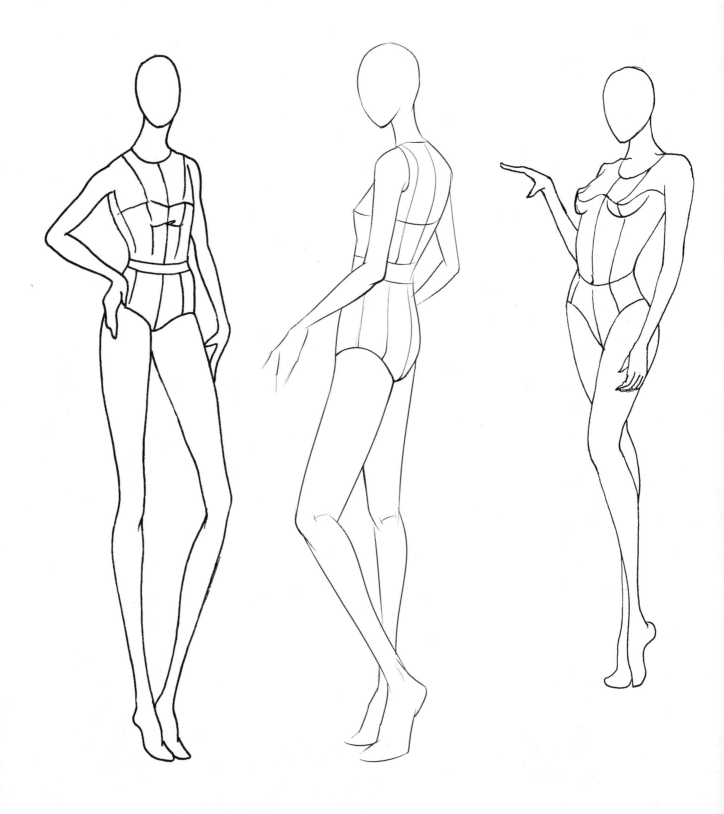

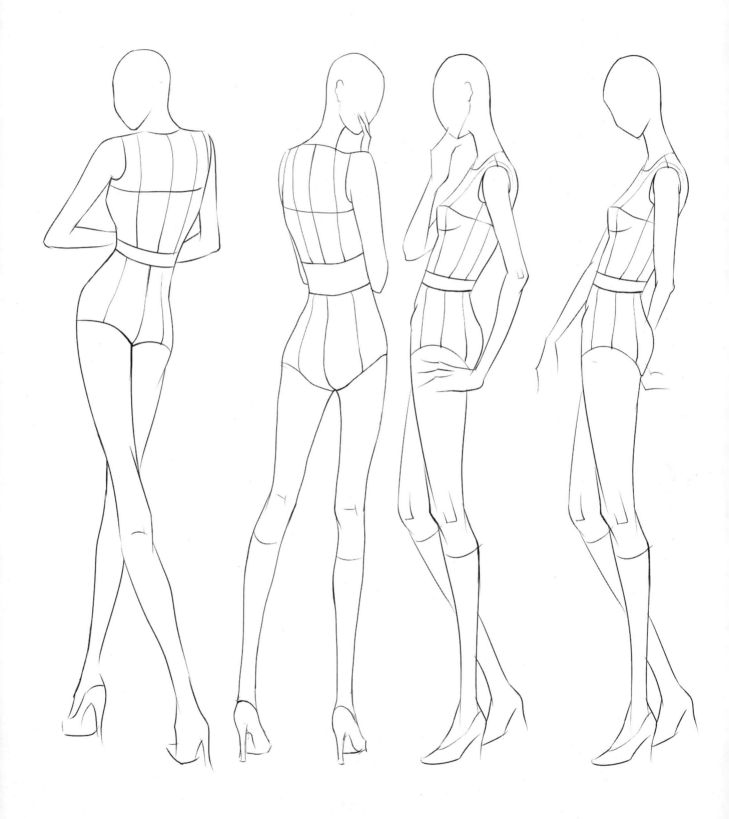

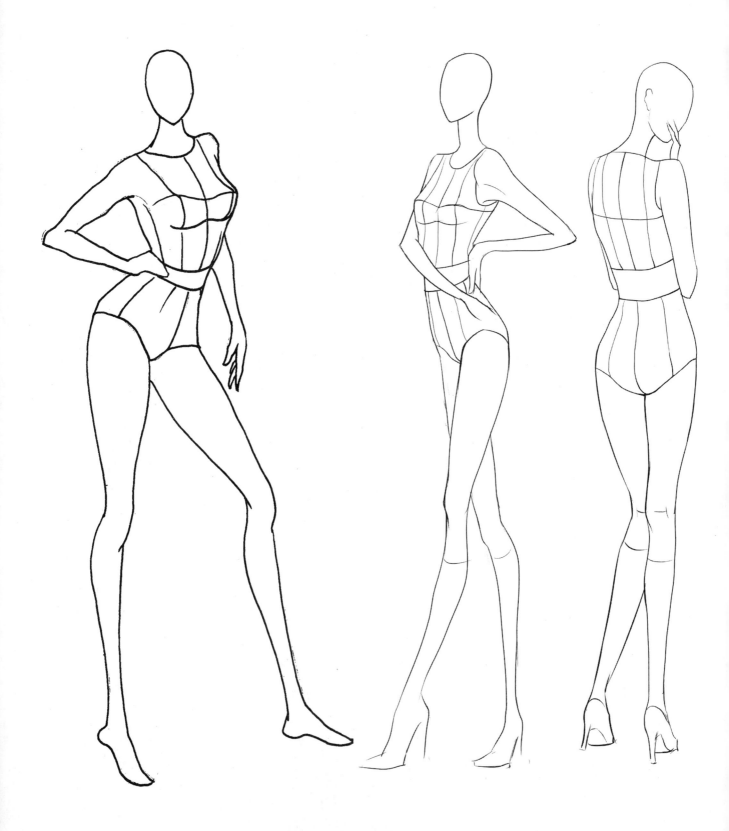

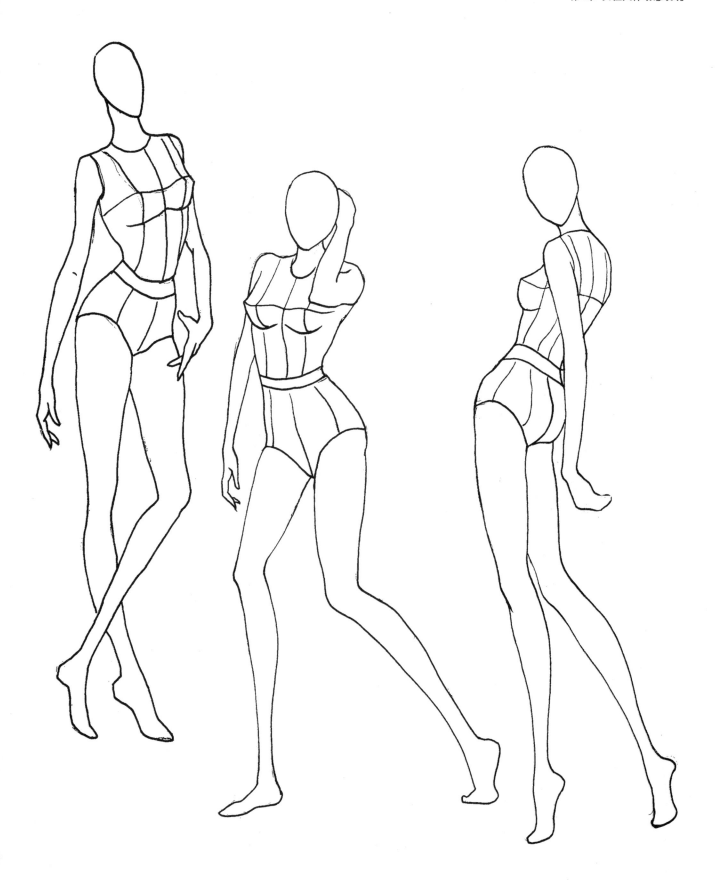

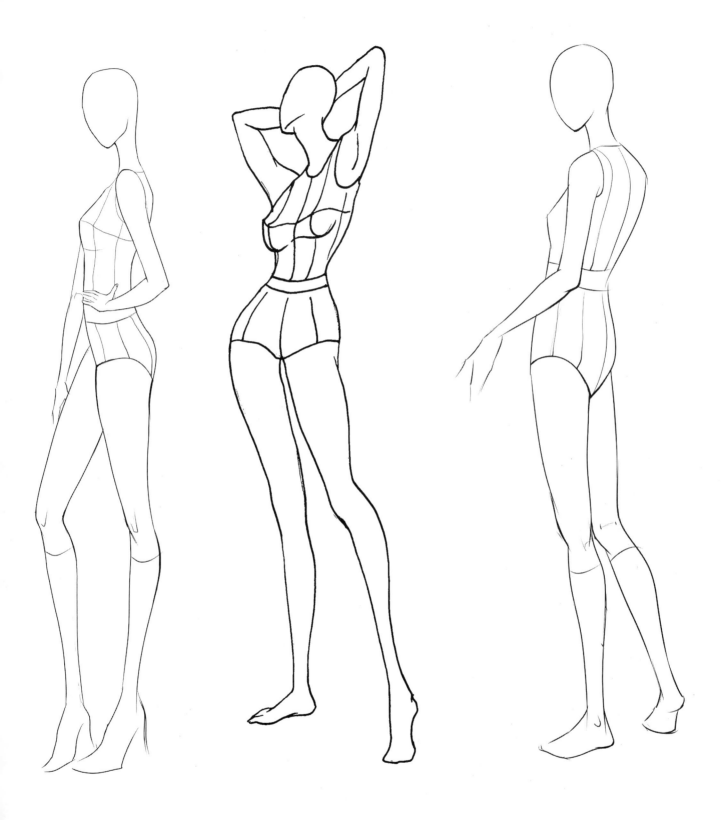

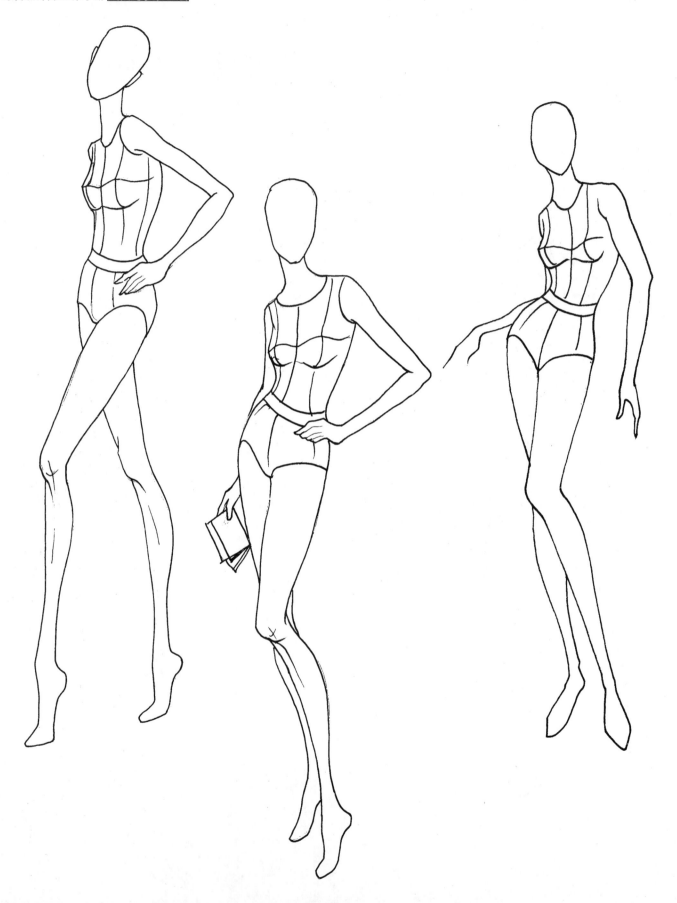

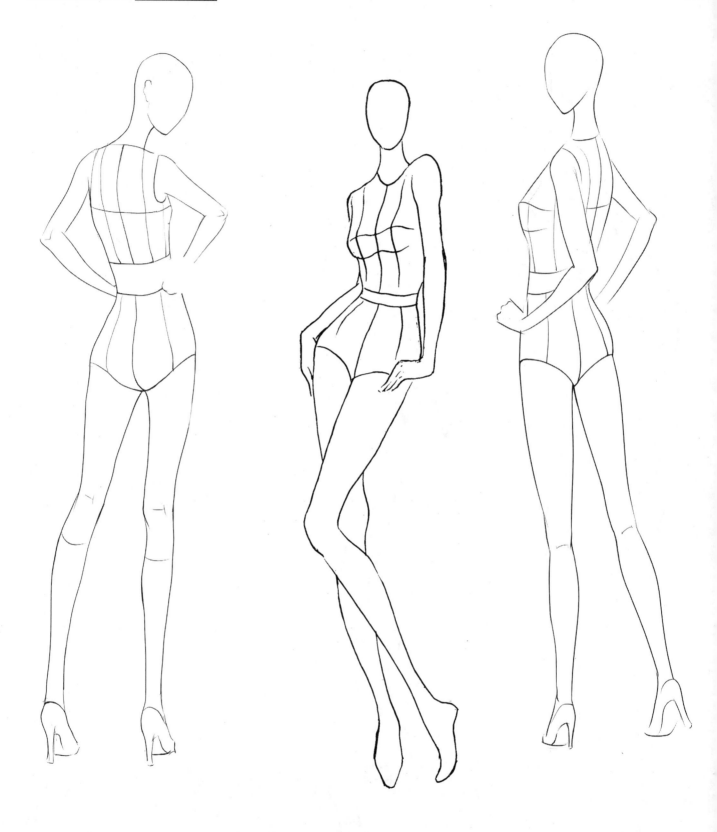

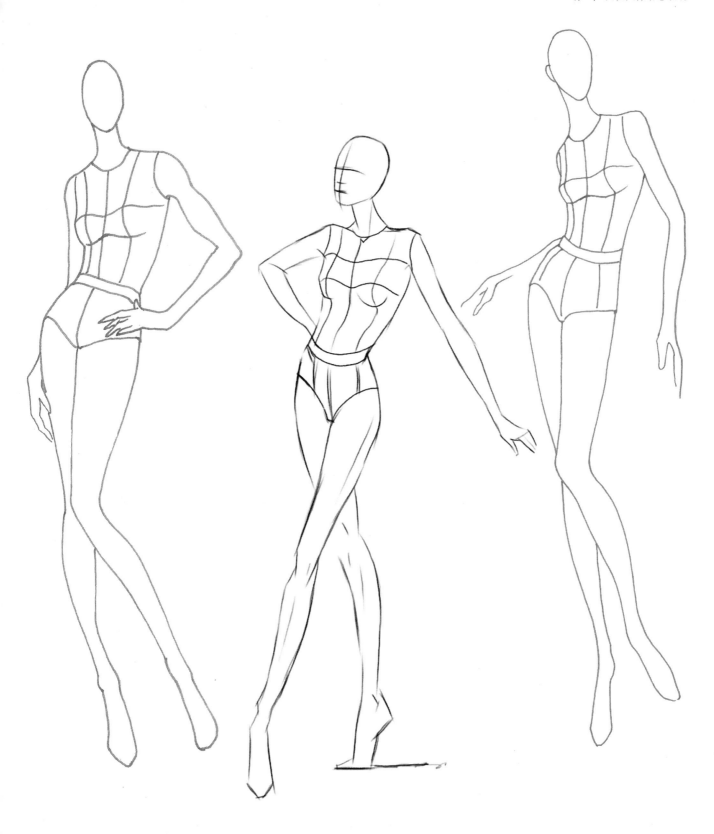

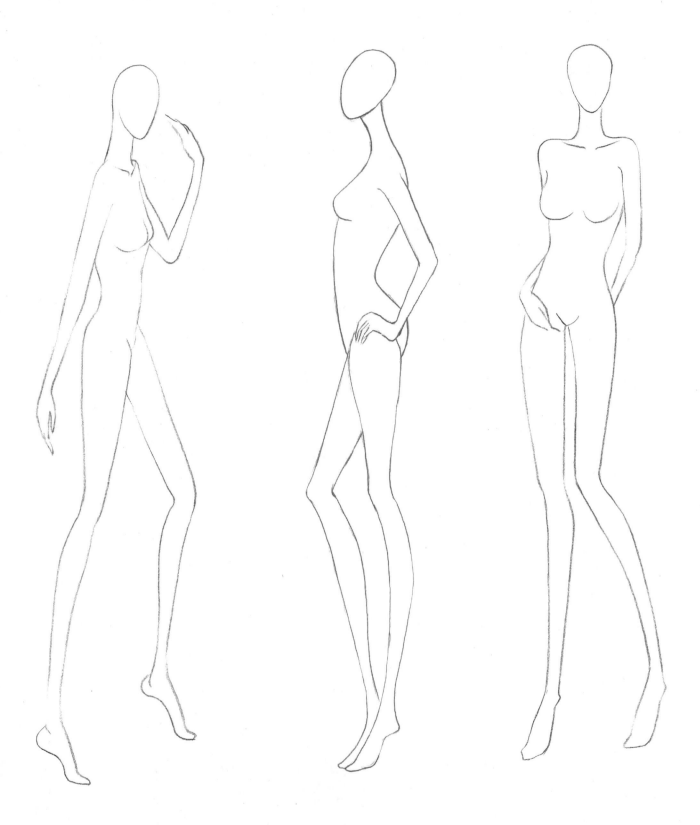

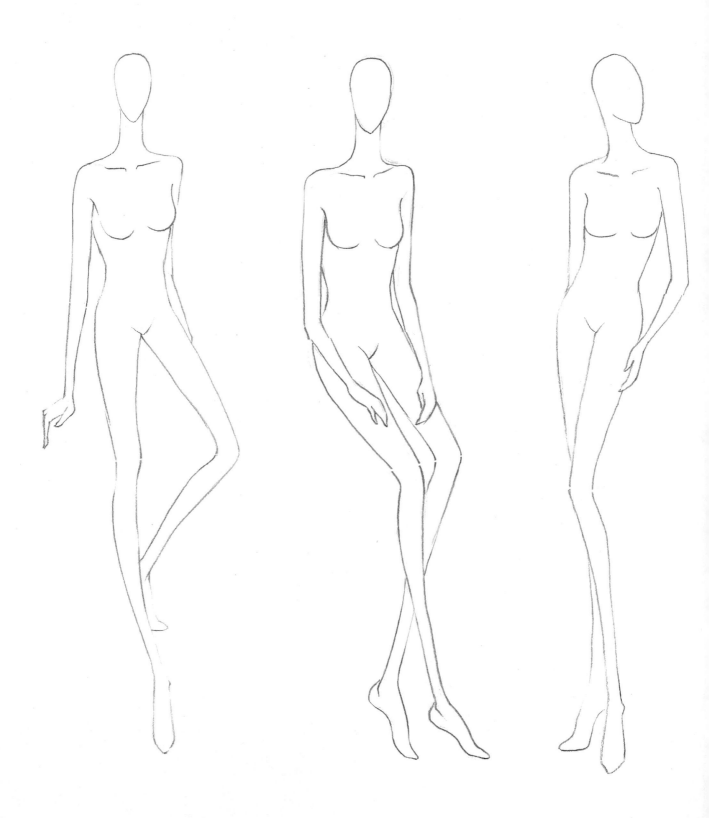

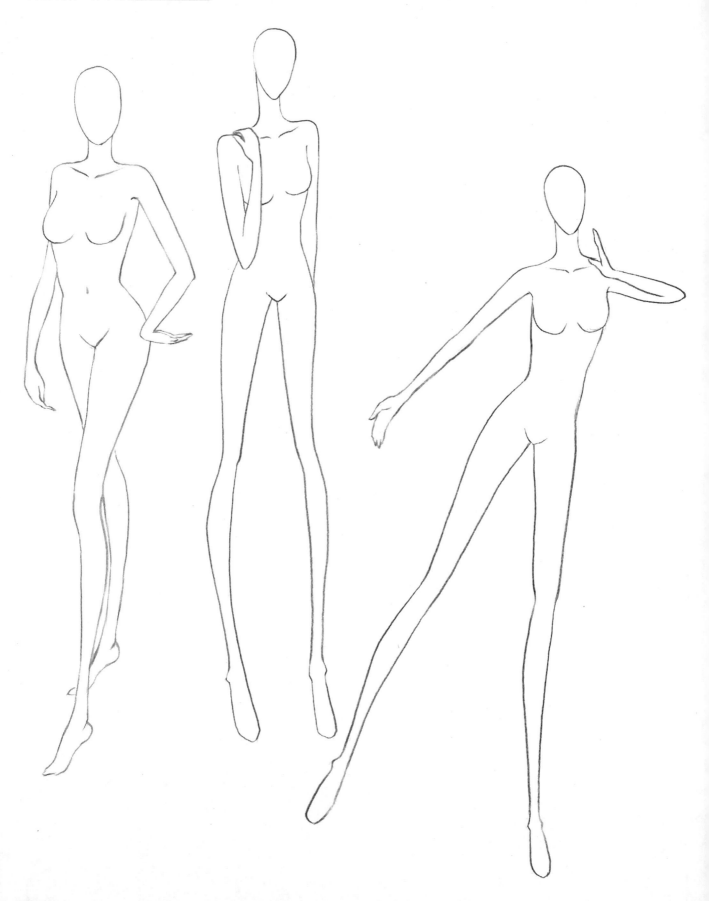

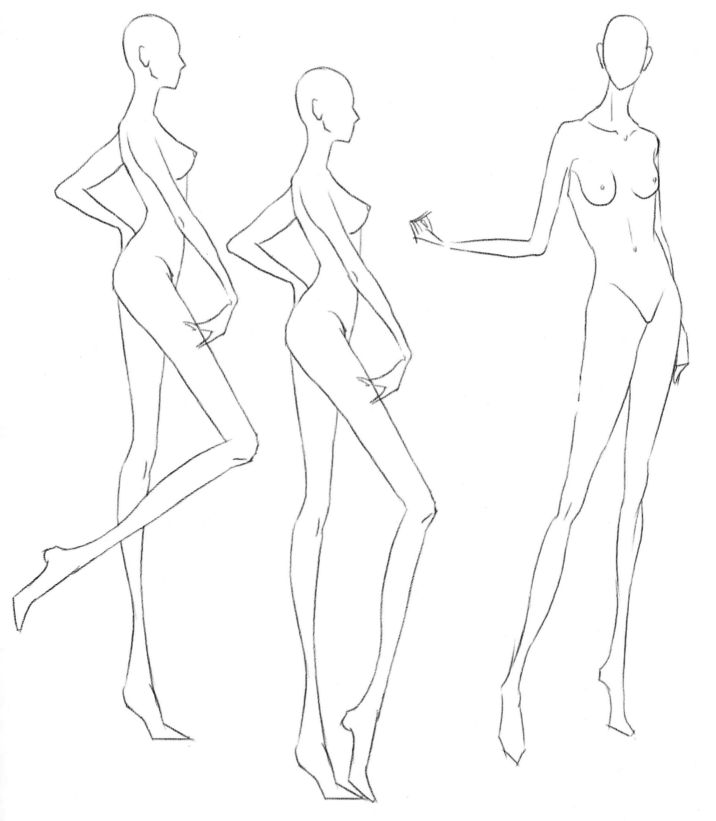

女性坐姿动态表现

坐姿一般都为5~6个头的高度。坐姿的动势变化主要体现在头、肩、胸、臀、腿之间的方向转变与前后关系上。注意透视变化。女性身体较为圆润。注意骨骼的硬与肌肉的软之间的节奏感。坐姿中左右肩部的高低与臀部肌肉左右的高低成不平行状，腰部曲线感增强，双膝往里微微靠拢，脚踝向外张开，脚趾朝向内侧，体态较为婀娜。

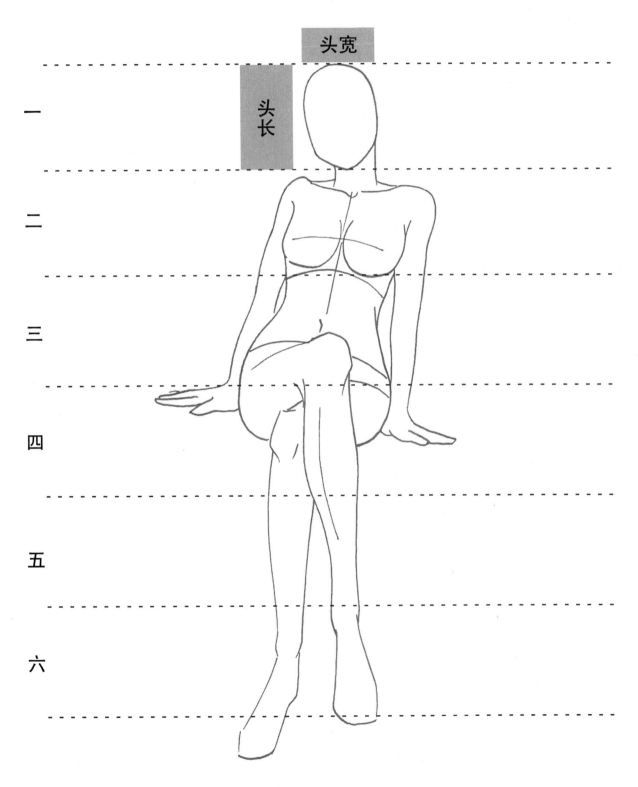

女性坐姿动态实例解析

01 先勾画出人体基本比例线。

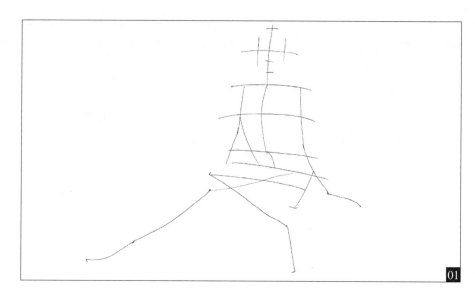

02 通过线条连接目标点的方式填充人体。

03 注意线条及腿部姿态表达。

04 进一步刻画细节，注意各部位的结构表现和相互之间的关系。

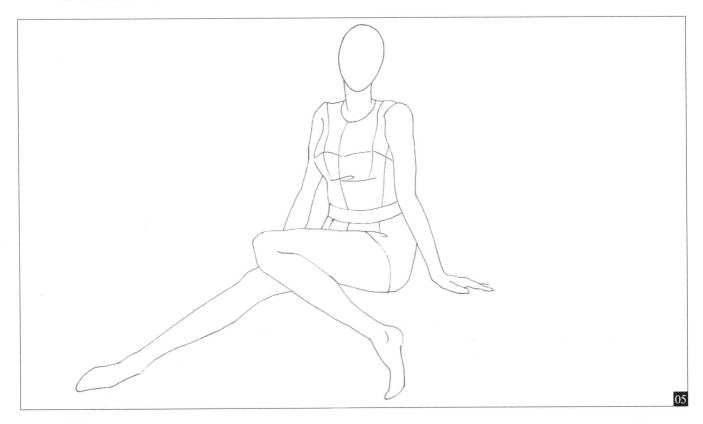

05 继续完善细节处理，线条要流畅，轮廓要完整，完成坐姿人体动态图的绘制。

女性坐姿动态绘制表现

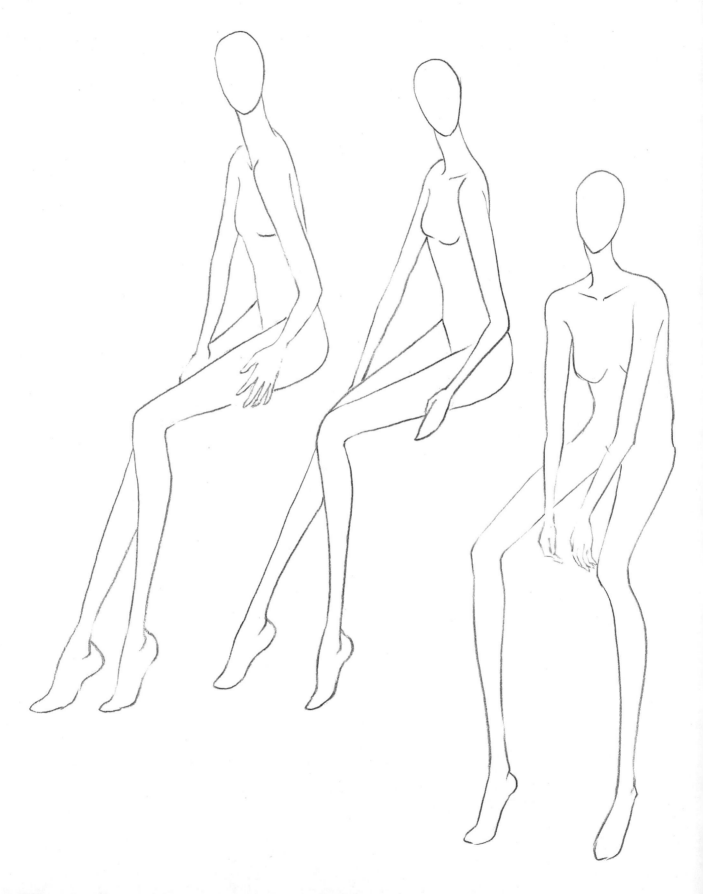

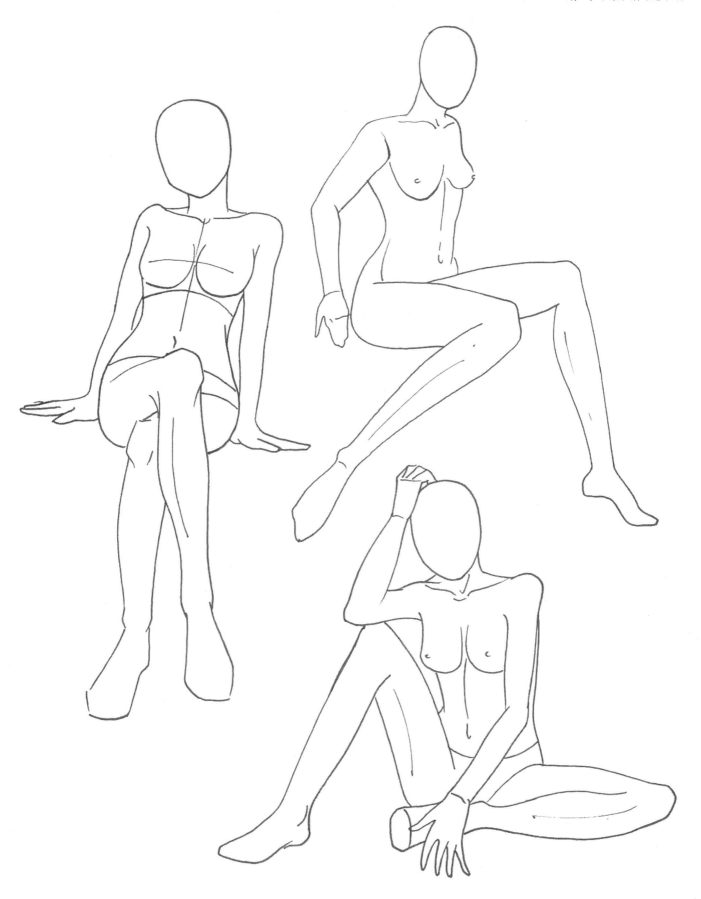

女性蹲姿动态表现

　　在画坐与蹲的各种动态中，应该理解胸廓与骨盆是通过腰部相连的。要注意腰部的长度。其次要熟悉大腿与骨盆的榫合，要注意骨盆、臀部的体积，以及胸廓、腰、骨盆、大腿在各种角度下的透视变化。

　　蹲姿的重点：注意蹲姿高度与头长的比例，下蹲后的高度一般为三个半到四个头的长度。重心腿要着力刻画，脚的位置和透视要画准，这样模特的动态才能正确。腹部与腿的穿插，腰与腹部的衔接，要表达清楚。

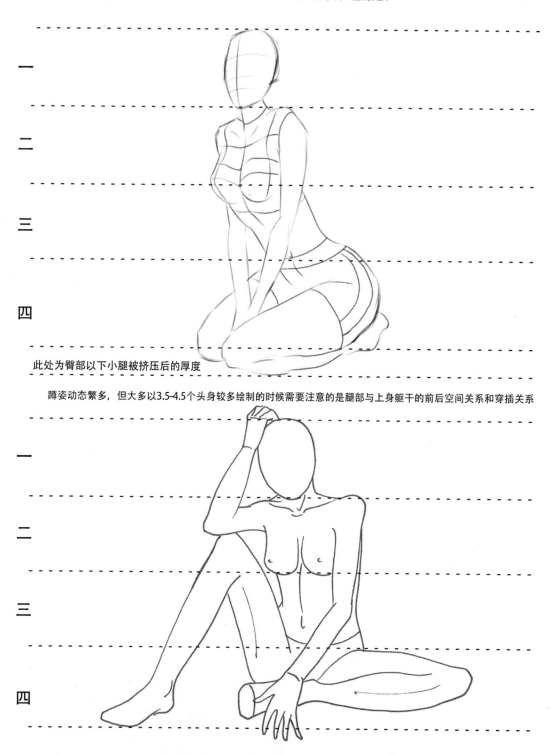

此处为臀部以下小腿被挤压后的厚度

蹲姿动态繁多，但大多以3.5-4.5个头身较多绘制的时候需要注意的是腿部与上身躯干的前后空间关系和穿插关系

一

二

三

四

一

二

三

四

女性蹲姿动态实例解析

01 勾画出蹲姿的基本线条。

02 线条组合，勾画出基本外形。

03 根据辅助线勾画出肌肉。

04 进一步刻画细节，连接所有线条，注意各部位的结构表现和相互之间的关系。

05 继续完善细节处理，线条要流畅，轮廓要完整，完成蹲姿人体动态图的绘制。

女性蹲姿动态绘制表现